面向新工科普通高等教育系列教材

区块链技术与实践

李 剑 李 劼 主编

机 械 工 业 出 版 社

本书从基本的区块链知识入手，讲述了区块链编程的知识，并结合具体的工程实践加以介绍，使读者可以快速入门区块链开发。本书分为三部分：第一部分是第1~3章，主要介绍了区块链和密码学的基本知识；第二部分是第4~6章，介绍了区块链的开发语言——Go语言、百度开源超级链基础平台XuperChain以及典型的区块链应用场景；第三部分是第7~11章，介绍了区块链的开发实例，读者可以按照这些实例一步步实践开发区块链系统。

本书可以作为高等院校区块链相关课程的教材，也可以供从事区块链相关工作的专业人员或爱好者参考。

本书配有授课电子课件，需要的教师可登录www.cmpedu.com免费注册，审核通过后下载，或联系编辑索取（微信：15910938545，电话：010-88379739）。

图书在版编目（CIP）数据

区块链技术与实践/李剑，李劼主编．—北京：机械工业出版社，2021.8（2025.1重印）
面向新工科普通高等教育系列教材
ISBN 978-7-111-69153-2

Ⅰ．①区…　Ⅱ．①李…②李…　Ⅲ．①区块链技术-高等学校-教材
Ⅳ．①TP311.135.9

中国版本图书馆CIP数据核字（2021）第187330号

机械工业出版社（北京市百万庄大街22号　邮政编码100037）
策划编辑：郝建伟　　责任编辑：郝建伟　王　斌
责任校对：张艳霞　　责任印制：邓　博
北京盛通数码印刷有限公司印刷

2025年1月第1版·第3次印刷
184mm×240mm·13.5印张·332千字
标准书号：ISBN 978-7-111-69153-2
定价：59.00元

电话服务
客服电话：010-88361066
010-88379833
010-68326294

网络服务
机工官网：www.cmpbook.com
机工官博：weibo.com/cmp1952
金书网：www.golden-book.com
机工教育服务网：www.cmpedu.com

前言

区块链技术被认为是继蒸汽机、电力、信息技术、互联网科技之后，具有巨大潜力、革命性的技术。

自区块链出现以来，世界各国都争相发展区块链相关核心技术以及关键场景运用，唯恐错过这项有可能改变世界格局的技术创新。

2016年12月27日，中央人民政府门户网站发布了《国务院关于印发“十三五”国家信息化规划的通知》（国发〔2016〕73号）。通知中明确将区块链写入“十三五”国家信息化规划，将区块链列为重点加强的战略性前沿技术。2019年10月24日，中共中央政治局就区块链技术发展现状和趋势进行第十八次集体学习时，习近平总书记强调，“把区块链作为核心技术自主创新的重要突破口”“加快推动区块链技术和产业创新发展”。

本书的核心指导思想是：**落实习近平总书记关于区块链技术的讲话精神，重点从实践角度讲解如何应用区块链技术进行应用场景开发**。本书的目的是：**手把手教会读者开发出区块链应用系统**。

在开发区块链应用系统的时候，最重要一个问题是如何搭建区块链底层平台。本书的编者与百度在线网络技术（北京）有限公司合作，简要介绍了区块链技术，并详细介绍了如何在百度在线网络技术（北京）有限公司开发的免费开源区块链平台XuperChain上建立区块链应用系统。

XuperChain是百度超级链自主研发的免费开源区块链的底层技术，拥有链内并行技术、可插拔共识机制、一体化智能合约等多项国际领先技术，具备全球化部署能力，可以满足开发者各类业务场景需求，让区块链应用搭建更灵活、更安全、更高效。

本书第1章是区块链概述，主要介绍了什么是区块链、区块链的架构、区块链的关键技术。第2章是密码学基础，主要介绍了区块链中常用的几类密码，包括对称密码、公钥密码、散列函数等。第3章是区块链中的共识算法，包括传统分布式一致性算法、典型的区块链共识机制、基于投票证明的共识算法PoV、基于信任的共识算法PoT、基于活跃的共识算法PoA。第4章是Go编程语言简介，Go编程语言是进行区块链开发的理想编程语言之一，主要内容包括Go语言概述、Go语言环境与开发工具安装、Go语言编程的基本结构，读者可以学习到如何利用Go语言进行软件开发，进而为编写实际的区块链软件系统做准备。第5章是百度超级链介绍，详细介绍了百度开源超级链基础平台XuperChain，以便于读者更好地利用百度超级链平台进行区块链开发。第6章是区块链典型应用场景，简要介绍了11个典型的区块链应用场景，读者可以了解区块链如何应用。后面五章内容是典型的区块链系统开发实践。第7章详细介绍了以百度公司开源区块链平台XuperChain为基础建立的区块链应用系统的开发实例。第8章介绍了如何使用百度超级链进行不同合约之间的调用的实例。第9章介绍了如何使用百度超级链进行基于测试环境的合约交易应用开发实验的实例。第10章介绍了如何使用百度超级链进行基于智能合约的数字资产交易的实例。第11章介绍了如何使用百度超级链进行基于开放网络的学生证书成绩上链存证应用的实例。

本书的重点不在于介绍区块链技术，而在于使读者在简单了解区块链技术以后能够方便、快捷地开发一套区块链应用系统。

本书第4章由田源博士主要编写；第5、6章由李劼博士主要编写；第7章由李朝阳博士主要编写；第8、9、10、11章主要由李朝阳、李鹏威、青伟、郭鑫、魏静等共同编写，其余各章由李剑教授主要编写，参加本书编写与校稿工作的还有孟玲玉、李恒吉、陈秀波等。

本书是北京邮电大学与百度在线网络技术（北京）有限公司合作申请的2019年第二批教育部产学合作协同育人项目“区块链课程建设与实践开发”的研究成果。

由于编者水平有限，书中疏漏与不妥之处在所难免，恳请广大同行和读者斧正。编者电子邮箱：lijian@bupt.edu.cn。

编　者

目录

第1章 区块链概述

本章主要是对区块链做简单概述，让读者了解什么是区块链、区块链的结构是什么、区块链都有哪些关键技术，让读者对区块链有一个全面的、大概的认识。

1.1 区块链简介

区块链（Block Chain）技术被认为是继蒸汽机、电力、信息技术、互联网科技之后，具有巨大潜力、革命性的技术。本节主要介绍什么是区块链、区块链的起源以及特点。

1.1.1 区块链的定义

区块链定义：在互联网基础上，以区块为单位产生和存储数据，并按照时间顺序首尾相连形成的链式结构，通过密码学保证访问、传输和存储的安全，实现数据的一次存储、无法篡改、无法抵赖、去中心化、分布式信息记录。其本质是分布式数据存储、点对点传输、共识机制、加密算法等技术的应用集成。

区块链是一种现代化的信息处理技术。从本质上讲，它是一个共享数据库，存储于其中的数据或信息，具有“不可伪造”“全程留痕”“可以追溯”“公开透明”“集体维护”等特征。基于这些特征，区块链技术奠定了坚实的“信任”基础，创造了可靠的“合作”机制，具有非常广阔的应用前景。

区块链的概念是从比特币产生的。比特币刚诞生时并没有区块链这个概念，人们用 bitcoin 表示比特币，用 Bitcoin 表示其底层技术，即区块链技术。

自区块链出现以来，世界各国政府都争相出台相关研究报告，明确区块链的战略定位；发展区块链相关的核心技术以及关键场景运用，加快区块链的产业布局；推进区块链相关法律法规的建设，探索合适的监管方法和监管体系；鼓励建立与区块链相关的产业协会，出台相关的行业标准，争夺相关技术标准的制定权；加大科研投入和专利的产出，大力推进形成区块链相关人才培养机制，构建合理的人才梯队。

自 2015 年有经济学家发表了文章《重塑世界的区块链技术》后，区块链技术在全球掀起了一股金融科技狂潮，世界各大金融机构、银行开始争相研究区块链技术。

2016 年 12 月 27 日，中央人民政府门户网站发布了《国务院关于印发“十三五”国家信息化规划的通知》（国发〔2016〕73 号）。通知中明确将区块链写入“十三五”国家信息化规划，将区块链列为重点加强的战略性前沿技术，如图 1-1 所示。

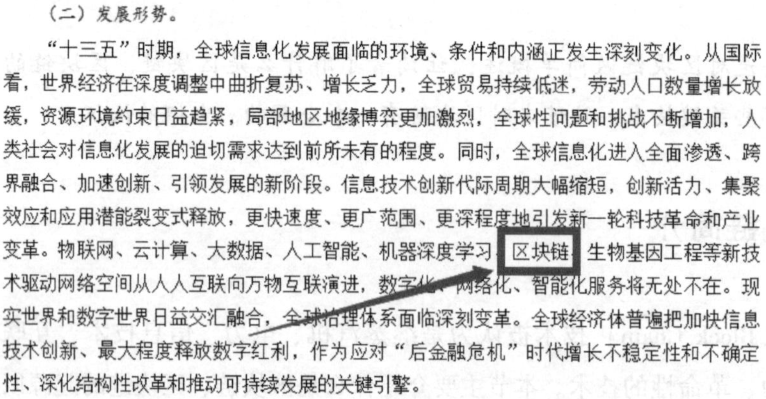

（二）发展形势。

“十三五”时期，全球信息化发展面临的环境、条件和内涵正发生深刻变化。从国际看，世界经济在深度调整中曲折复苏、增长乏力，全球贸易持续低迷，劳动人口数量增长放缓，资源环境约束日益趋紧，局部地区地缘博弈更加激烈，全球性问题和挑战不断增加，人类社会对信息化发展的迫切需求达到前所未有的程度。同时，全球信息化进入全面渗透、跨界融合、加速创新、引领发展的新阶段。信息技术创新代际周期大幅缩短，创新活力、集聚效应和应用潜能裂变式释放，更快速度、更广范围、更深程度地引发新一轮科技革命和产业变革。物联网、云计算、大数据、人工智能、机器深度学习、区块链、生物基因工程等新技术驱动网络空间从人人互联向万物互联演进，数字化、网络化、智能化服务将无处不在。现实世界和数字世界日益交汇融合，全球治理体系面临深刻变革。全球经济体普遍把加快信息技术创新、最大程度释放数字红利，作为应对“后金融危机”时代增长不稳定性和不确定性、深化结构性改革和推动可持续发展的关键引擎。

图 1-1 《“十三五”国家信息化规划》中提到区块链

2017 年 9 月，经济日报发表《我国区块链产业有望走在世界前列》，公开支持区块链技术的发展，并向我国广大民众普及区块链技术。区块链在金融、保险、零售、公证等实体经济领域的应用开始加速落地。

2018 年 3 月，工信部发布了《2018 年信息化和软件服务业标准化工作要点》，提出推动组建全国信息化和工业化融合管理标准化技术委员会、全国区块链和分布式记账技术标准化委员会等。

2019 年 1 月 10 日，国家互联网信息办公室发布了《区块链信息服务管理规定》。

2019 年 10 月 24 日，在中共中央政治局第十八次集体学习时，习近平总书记强调，“把区块链作为核心技术自主创新的重要突破口”“加快推动区块链技术和产业创新发展”。

目前，“区块链”在我国已走进大众视野，成为社会的关注焦点。

1.1.2 区块链的起源与发展

区块链来源于比特币，比特币是在区块链技术之上产生的。

1. 比特币介绍

比特币的本质是多种复杂算法所生成的特解。特解是指方程组所能得到有限个解中的一组，而每一个特解都能解开方程并且是唯一的。而挖矿的过程就是通过庞大的计算量不断地去寻求这个方程组的特解，这个方程组被设计成了只有2100万个特解，所以比特币数量的上限就是2100万个。

要挖掘比特币需要下载专用的比特币运算工具，然后注册各种合作网站，把注册来的用户名和密码填入计算程序中，再点击运算就正式开始。完成Bitcoin客户端安装后，可以直接获得一个Bitcoin地址，当别人付钱的时候，只需要把自己的地址发送给别人，就能够通过同样的客户端进行付款。在安装好比特币客户端后，它将会分配一个私钥和一个公钥。用户需要备份包含私钥的钱包数据，才能保证财产不丢失。如果不幸将硬盘完全格式化，个人的比特币将会完全丢失。

2. 比特币的发展历史

1976年，著名的经济学家哈耶克出版了《货币的非国家化》，提出了非主权货币和竞争发行货币的理念，为比特币的诞生提供了理论基础。

1990年，密码朋克的“主教级”人物大卫·乔姆发明了密码学匿名现金系统Ecash。

1997年，亚当·贝可发明了哈希现金（HashCash），其中用到了工作量证明系统（PoW）。

1997年，哈伯和斯托尼塔提出了一个用时间戳的方法保证数学文件安全的协议，这个协议也成为比特币区块链协议的原型之一。

1998年，戴伟发明了B-money，强调点对点交易和交易记录不可更改，可追踪交易。

2004年，芬尼发明了“加密现金”，采用可重复使用的工作量证明机制（PoW）。

说起区块链，就不得不提起中本聪。中本聪总结了这些前人的经验，并将这些技术融合在一起，发明了最早的区块链技术——比特币。

中本聪（Satoshi Nakamoto），自称日裔美国人，日本媒体常译为中本哲史，此人是比特币协议及其相关软件Bitcoin-Qt的创造者。

中本聪于2008年发表了一篇名为“比特币：一种点对点式的电子现金系统”（Bitcoin: A Peer-to-Peer Electronic Cash System）的论文，描述了一种被他称为“比特币”的电子货币及其算法。

2009年1月4日凌晨2时15分，在位于芬兰赫尔辛基的一个小型服务器上，中本聪挖出了比特币的第一个区块——创世区块，并获得了50个比特币的奖励。当天下午6时15

分，创世区块计入公开账簿。区块链 1.0 时代——以比特币为代表的加密数字货币时期，正式拉开序幕。这个时候，比特币还默默无闻地待在一个小圈子里，既没有被称作“数字黄金”，人们也没有对其疯狂炒作。2009 年 1 月 11 日，中本聪开发了一个客户端，其名称为比特币客户端 0.1 版，这是比特币历史上的第一个客户端，意味着任何计算机都可以加入比特币网络，挖掘和使用比特币，从此比特币金融系统正式启动。2010 年，中本聪逐渐淡出并将项目移交给比特币社区的其他成员。

2011 年，Mt. Gox 被黑客入侵，超过 60000 个用户名和哈希密码泄露，比特币遭遇信任危机。

2012 年，法国的比特币中央交易所诞生，这是全球首个官方认可的比特币交易所。

2013 年 5 月 9 日，比特币创下 110 美元的币值新高。

2013 年 8 月，德国宣布承认比特币的合法地位，并已将其纳入国家监管体系，德国成为世界上首个承认比特币合法地位的国家。

2013 年 11 月 29 日，比特币在 Mt. Gox 交易所的交易价格创下了 1242 美元的币值历史新高，当时的黄金价格为 1 盎司（约合 28.35 g）1241.98 美元，比特币的价格首度超过黄金。

2013 年 12 月 5 日，中国人民银行联合五部委下发通知监管比特币，比特币价格一度大幅下降。

2014 年 12 月，微软接受比特币支付。

2016 年，ICO 出现，比特币大涨 100%。

2017 年 9 月 4 日，我国将 ICO 定性为非法集资，暂停国内一切交易。

2018 年上半年，比特币价格涨跌起伏较大，整体呈下降趋势。

目前，比特币价格大约在 35000 美元左右。如图 1-2 所示为英为财情网上统计的近 5 年比特币价格走势图（截至 2021 年 6 月 25 日）。

3. 区块链的发展

区块链技术作为一种使数据安全而不需要行政机构授权的解决方案，首先被应用于比特币，但在中本聪的原始论文中并没有明确提出区块链的定义和概念。作为记录比特币交易账目信息的数据结构形式，“区块”（block）和“链”（chain）这两个词是被分开使用的，在被广泛使用时合称为“区块链”，到 2016 年才确定为一个名词——区块链。

2018 年，区块链行业开始呈井喷式发展，数字货币和数字资产交易成为区块链技术应用的重中之重。2018 年也被认为是区块链技术发展的元年，区块链技术开始被国内官方承认，各级政府纷纷发文力挺区块链技术。百度、阿里、网易、腾讯等国内知名互联网企业也纷纷加入到区块链技术领域中来，区块链行业市场开始初具规模。

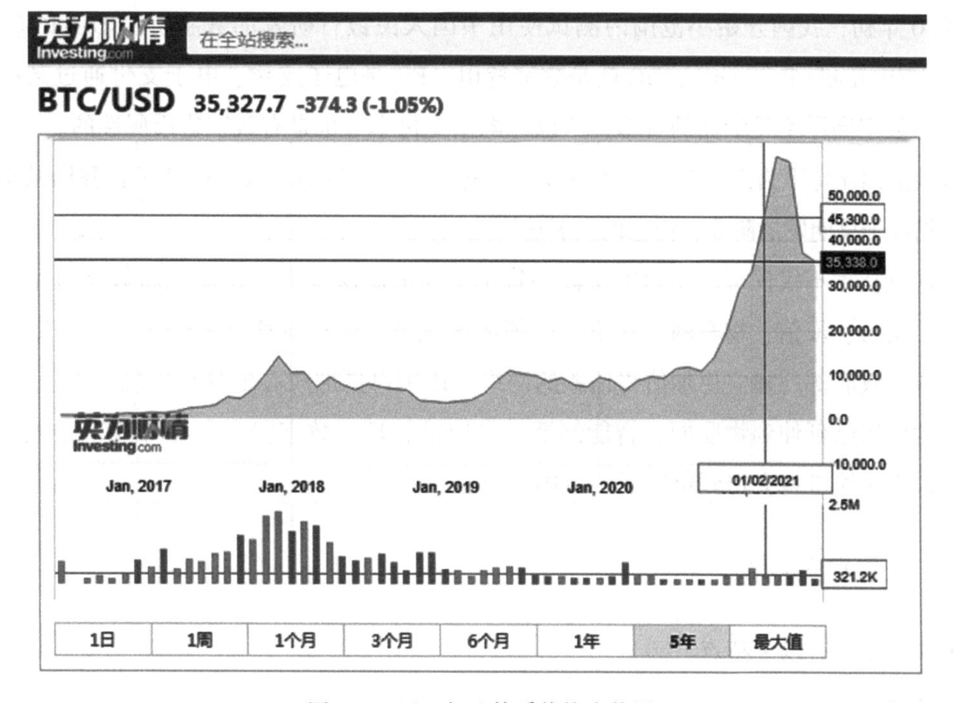

图 1-2　近 5 年比特币价格走势图

2018 年 8 月，在深圳市政府的支持下，全国第一张区块链电子发票在深圳问世（见图 1-3），这也说明区块链技术已经走出了数字金融领域，正在各行各业的实际应用中落地。

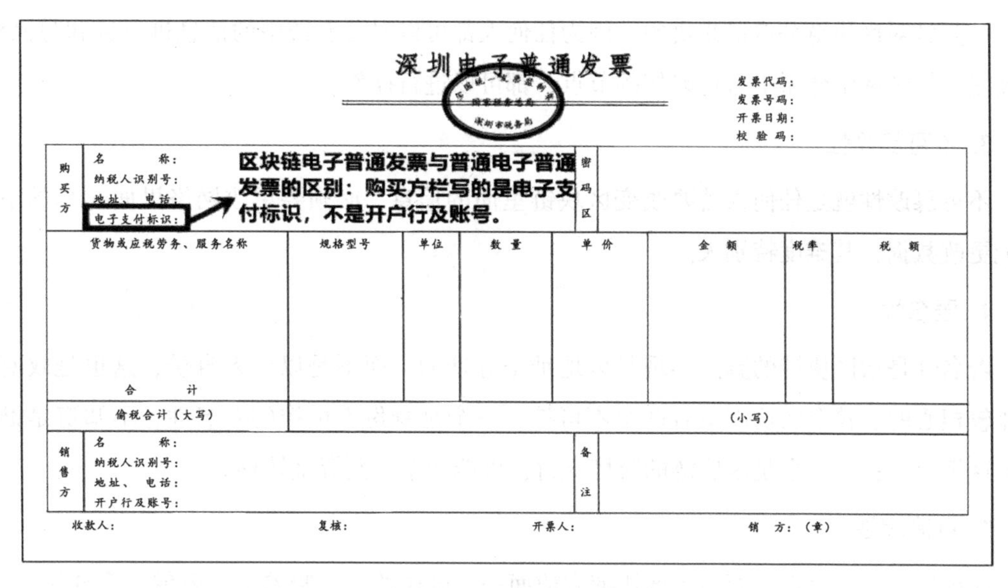

深圳电子普通发票

发票代码：
发票号码：
开票日期：
校验码：

购买方　名称：
纳税人识别号：
地址、电话：
电子支付标识：

区块链电子普通发票与普通电子普通发票的区别：购买方栏写的是电子支付标识，不是开户行及账号。

密码区

货物或应税劳务、服务名称	规格型号	单位	数量	单价	金额	税率	税额
合计							
价税合计（大写）					（小写）		

销售方　名称：
纳税人识别号：
地址、电话：
开户行及账号：

备注

收款人：　　复核：　　开票人：　　销方：（章）

图 1-3　区块链电子发票

2020年初，我国开始小范围内测试使用中国人民银行研发的数字货币DCEP（Digital Currency Electronic Payment），DC就是数字货币，EP是电子支付。电子支付通过某种方式传输来的数字同样不是纸面的货币，所以，电子支付本身也是有数字货币属性的。

区块链因比特币为人所知，以区块链技术落地生根。目前，区块链技术在我国甚至在全世界都仍属于早期发展阶段，但它的发展速度是极快的，已经超过了当初互联网发展的速度。

区块链技术不仅仅可以作为支持数字货币交易的底层技术，还能脱离数字货币，应用在金融、贸易、征信、物联网、共享经济等诸多领域。区块链凭借其安全性，可以帮助私人公司或者政府部门建立更加值得信赖的网络，让用户更加放心地分享信息和价值。目前，区块链的应用已延伸到物联网、智能制造、供应链管理、数字资产交易等多个领域。可以预见，未来区块链将会得到更广泛的应用。

1.1.3 区块链的特点

区块链技术有以下特点。

1. 去中心化

去中心化就是所有在区块链网络中的节点，都可以进行记账，都有一个记账权，这就完全规避了操作中心化的弊端。

2. 开放性

这是针对区块链公有链来讲的，因为任何人都可以对公有链中的信息进行读和写操作，只要是区块链网络体系中有记账权的节点，都可以进行操作。

3. 不可篡改性

不可篡改性就是任何人若要改变区块链里面的信息，必须要更改网络里面51%的节点才能更改数据，其难度特别大。

4. 匿名性

匿名性是指区块链的算法实现是以地址来寻址的，而不是以个人身份，这也是政府部门比较担心的。整个区块链中有两个不可控，一个是身份不可控的匿名性，不知道是谁发起了这笔交易；另一个是区块链的跨境支付，可能会牵扯到资金转移。

5. 可追溯性

这种机制就是设定后面一个区块拥有前面一个区块的一个哈希值，就像一个挂钩一样，只有识别了前面的哈希值才能挂得上去，才是一整条完整的链。可追溯性还有一个特点就是便于数据的查询，因为这个区块是有唯一标识的，例如，若需要在数据库中查询一个数据，是有很多算法去分块来查找的，而区块链网络是利用时间节点来查找对应的区块，再去寻找对应的交易内容，相比其他的数据库查找方式更加便捷。

1.1.4　区块链的类型

一般来说，区块链有以下三种类型。

1. 公有区块链（Public BlockChains）

公有区块链是指世界上任何个体或者团体都可以发送交易，且交易能够获得该区块链的有效确认，任何人都可以参与其共识过程。公有区块链是最早的区块链，也是应用最广泛的区块链，各大 Bitcoin 系列的虚拟数字货币均基于公有区块链，世界上有且仅有一条该币种对应的区块链。

2. 联盟区块链（Consortium BlockChains）

联盟区块链又称共同体区块链，简称“联盟链”。它由某个单位群体内部指定多个预选的节点为记账人，每个块的生成由所有的预选节点共同决定（预选节点参与共识过程），其他接入节点可以参与交易，但不过问记账过程（本质上还是托管记账，只是变成分布式记账，预选节点的多少、如何决定每个块的记账者成为该区块链的主要风险点），其他人可以通过该区块链开放的应用程序接口（API）进行有限的查询。

3. 私有区块链（Private BlockChains）

私有区块链是指仅仅使用区块链的总账技术进行记账，一个公司或个人独享该区块链的写入权限，私有区块链与其他的分布式存储方案没有太大区别。

以上三种区块链部署形式与对比分析见表 1-1。

表 1-1　三种区块链对比

	公有区块链	联盟区块链	私有区块链
参与方	任何人	多机构	单机构
中心化程度	去中心化	多中心化	中心化
记账节点	全网节点	多机构预先选定	单机构内制定
共识机制	PoW、PoS 等	PBFT、Raft 等	PBFT、Raft 等
权限和范围	无	读写权限可设定	读写权限由某个机构控制
交易效率	慢	快	快
激励机制	需要	可选	不需要
典型场景	数字货币	B2B 等	数据库管理与审计等
典型平台	比特币	超级账本	Hydrachain

1.1.5 发展区块链的意义

发展区块链技术具有如下意义。

1. 区块链将促进实体经济发展，发挥“为实体经济降成本”的作用

目前实体经济成本较高、利润较薄，导致资本对实体经济的支持不足。在经营成本中，管理成本和财务成本占比较高，区块链技术可以有效地帮助企业降低这两部分的成本。

2. 区块链将发挥“提高产业链协同效率”的作用

增进产业协同是推动中国制造迈向中高端的重要途径，但是目前在很多产业中，产业链的协同效率仍然不高，在国际贸易领域这个问题尤为突出。基于区块链技术的应用发展起来后，将会大大提高相关产业的工作效率。

3. 区块链将发挥“构建诚信产业环境”的作用

目前，部分社会信用体系建设不健全。企业建立信任的过程仍然较慢，各类信用信息的获取难度较大，中、小、微企业难以获得金融机构的信用贷款。通过“交易上链”，交易双方可以更为便捷地查询到交易对手准确的历史信用情况，可以更快地建立合作机制；银行也可以更安全地基于交易记录对企业授信，推动诚信经营的中、小、微企业“融资难、融资贵、融资慢”等问题的解决。

以区块链发票为例，生成区块链发票的环节可以在网上进行，实现高效的无纸办公；使用电子区块链发票很环保，而且区块链发票还有安全、唯一、防止假冒、多次使用等优点。

除此之外，区块链还可以利用智能合约，很大程度上避免了违约与欺诈，也能结合区块链资产钱包做高效便捷的支付场景应用。区块链圈内，不少创新论坛以及行业峰会聚焦区块链赋能实体经济的方向，结合当地经济产业进行落地优化。总而言之，区块链技术可以更便捷地处理生产关系，大幅提升生产效率，为国家的经济发展添加一剂强劲的催化剂。

1.2 区块链的架构

目前区块链没有统一的架构，不同的国家、组织、单位和个人所开发使用的架构都有可能不同。本节主要介绍一些常用的区块链架构。

1.2.1 常用的区块链基础架构

一般来说，常用的区块链基础架构由数据层、网络层、共识层、激励层、合约层和应用层组成，如图 1-4 所示。

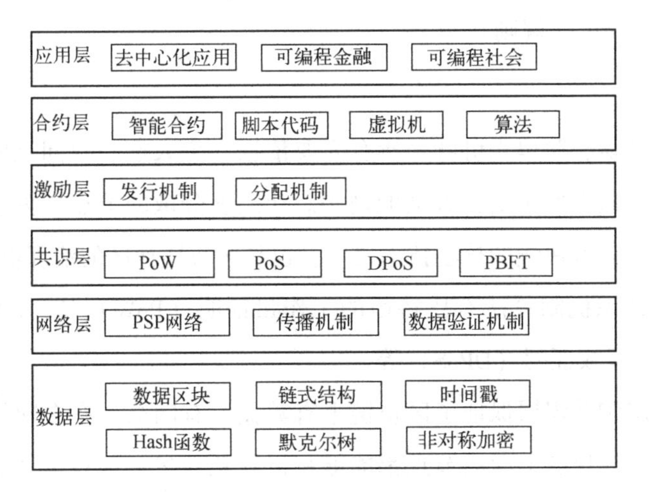

图 1-4　常用的区块链基础架构

1. 数据层

数据层是常用的区块链基础架构中的最底层。数据层用来存储数据，对于区块链来讲，这个数据是不可篡改的、分布式的数据，也就是通常说的“分布式账本”。

数据层里包含数据区块、链式结构、非对称加密算法、Hash 函数等技术，保证数据在全网公开情况下的安全性问题。具体的做法是：在这个区块链网络上，节点采用共识算法来维持数据层（即分布式数据）的数据的一致性，采用密码学中的公钥加密算法和哈希算法，确保这个分布式数据库的不可篡改性和可追溯性。

这就构成了区块链技术中最底层的数据结构。但是仅有分布式数据还不够，还需要让这些数据可以共享。

2. 网络层

区块链中的网络本质上是一个 P2P（点对点）网络，点对点意味着不需要一个中间环节或者中心化服务器来控制整个系统，网络中的所有资源和服务都是分配在区块链的各个节点上的，信息的传输便是两个节点之间的直接通信。

区块链的网络层实际上就是一个非常强大的点对点网络系统。在这个系统上，每一个节点既可以发送生产的信息，也可以接收别人的信息。

在区块链网络层上，节点之间需要共同维护这条区块链系统，每当一个节点创建出一个新的区块后，它便需要以广播的形式通知其他所有节点，其他节点收到信息后会对该区块进行验证，然后在该区块的基础上去创建新的区块。这样一来，全网便可以共同维护、更新区块链系统的总账本。而全网用来维护和更新区块链系统这个总账本依据的规则，就涉及所谓的“法律法规”（规则）了。

3. 共识层

在区块链里的共识，简单来讲就是所有人要依据一个大家一致同意的规则来维护区块链系统这个总账本，这类似于更新数据的规则。让高度分散的节点在去中心化的区块链网络中高效达成共识，是区块链的核心技术之一，也是区块链社区的治理机制。

目前，主流的共识机制算法有比特币的工作量证明（PoW）、以太坊 2.0 的权益证明（PoS）、EOS 的授权股权证明（DPoS）等。

数据层、网络层和共识层保证了区块链上有数据、有网络、有在网络上更新数据的规则，但是如何让所有区块链上面的节点都能够积极踊跃地参与区块链系统维护工作，这就涉及激励机制。

4. 激励层

激励层的主要任务是鼓励全网节点参与区块链上的数据记录与维护工作。这就和比特币中的挖矿机制一样，挖矿时间越多，可能获得的比特币就越多。挖矿机制其实可以理解成激励机制，用户为区块链系统做了多少贡献，便可以得到多少奖励。

挖矿机制和共识机制一同使用可以提高效率。共识机制可以理解为单位的总规章制度，而挖矿机制可以理解成在这个总的规章制度之下，用户做了什么、能够得到什么奖励，并且多劳多得。

例如，比特币的共识机制 PoW 的规定是多劳多得，谁能够第一个找到正确的哈希值，谁就可以得到一定数量的比特币奖励；而以太坊的 PoS 则规定了谁持币时间越久，谁能得到奖励的概率就越大。

需要注意的是，一般来说，只有公有链才具备激励层，因为公有链必须依赖全网节点共同维护数据，所以必须有一套这样的激励机制，才能激励全网节点参与区块链系统的建设与维护，进而保证区块链系统的安全性和可靠性。

5. 合约层

合约层主要包括各种脚本代码、算法机制和智能合约，这些是区块链可编程的基础。

例如，以太坊提出的“智能合约”能够满足许多应用场景。合约层的原理是将代码嵌入到区块链系统上，用这种方式来实现能够自定义的智能合约。在区块链系统上，交易双方一旦达成一致的协议，系统便按照既定的合约内容执行相应的命令。

6. 应用层

应用层就是区块链的各种应用场景和系统，例如“区块链+”就是指具体应用。目前，已经落地的区块链应用主要是搭建在 ETH、EOS 等公链上的各类区块链应用，博彩、游戏类的应用较多。同时，诸如国内的央行数字货币、百度超级链、蚂蚁链，国际上的 R3CEV、SimBlock、MedRec 等，均是利用区块链技术开发的与实际生产和生活紧密联系的应用。

1.2.2　其他区块链基础架构

其他一些国际组织和国家也提出了一些区块链相关的架构，比较典型的是美国区块链参考架构和中国区块链参考架构。

1. 美国区块链参考架构

2016 年 9 月，国际标准化组织（ISO）牵头成立了新的针对区块链和分布式账本技术的技术委员会 ISO/TC 307（Blockchain and distributed ledger technologies）。2017 年 4 月，在悉尼召开的 ISO/TC 307 第一次工作会议上，美国从业务、法律、技术等角度解释了区块链技术，并介绍了区块链参考架构，如图 1-5 所示。它包含基础设施、安全、数据、账本、交易、编程开发接口和分布式应用 6 个层次。

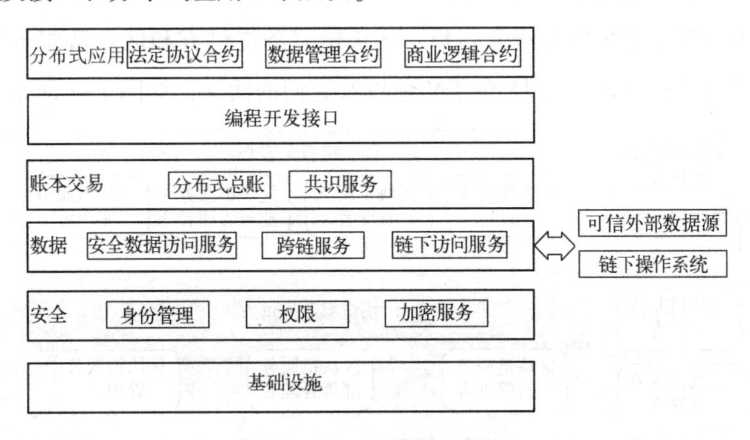

图 1-5　美国区块链参考架构

2. 中国区块链参考架构

2017 年 5 月 16 日，在杭州国际博览中心举行的区块链技术和应用峰会暨首届中国区块链开发大赛成果发布会上，首个区块链标准《区块链 参考架构》正式发布。中国区块链参考架构由中国电子技术标准化研究院牵头，组织中国区块链技术和产业发展论坛主要成员起草了《区块链 参考架构》。该标准草案从用户视图、功能视图以及二者之间的关系给出了区块链的参考架构。如图 1-6 所示为《中国区块链技术和产业发展论坛标准》的封面。

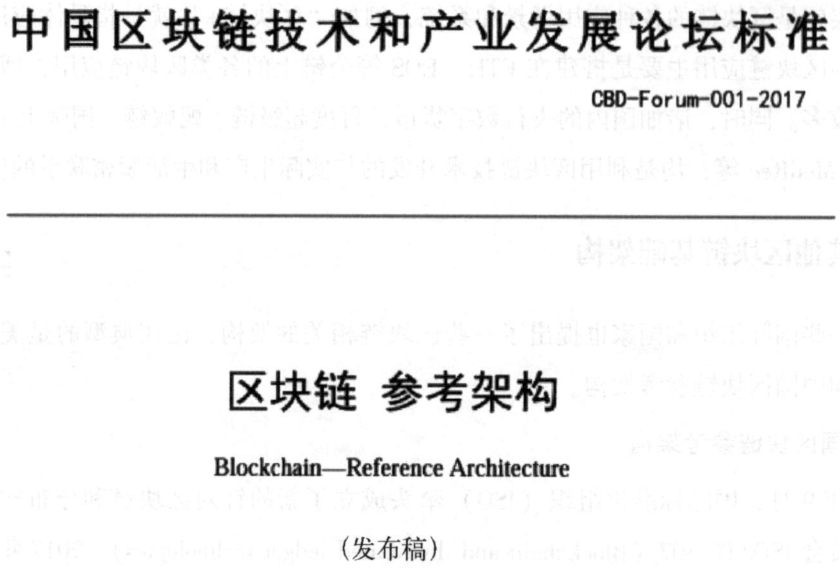

中国区块链技术和产业发展论坛标准

CBD-Forum-001-2017

区块链 参考架构

Blockchain—Reference Architecture

（发布稿）

图 1-6 中国区块链参考架构标准封面

（1）用户视图：区块链的角色与活动

在用户视图中规定了区块链服务客户、区块链服务提供方和区块链服务关联方三种角色，并且描述了这三种角色下的 15 个子角色以及它们的活动，如图 1-7 所示。

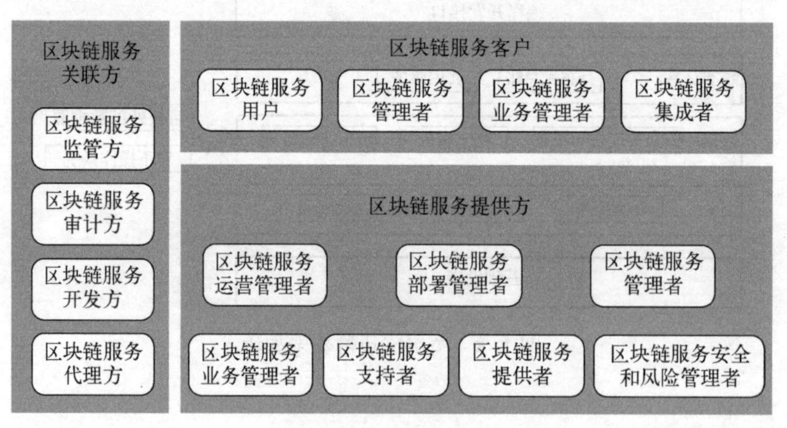

图 1-7 用户视图

（2）功能视图：区块链的功能组件

在功能视图中通过“四横四纵”的层级结构（包括用户层、服务层、核心层、基础层，以及包含开发、运营、安全、监管和审计的跨层功能）描述了区块链系统中的典型功能组件，如图 1-8 所示。

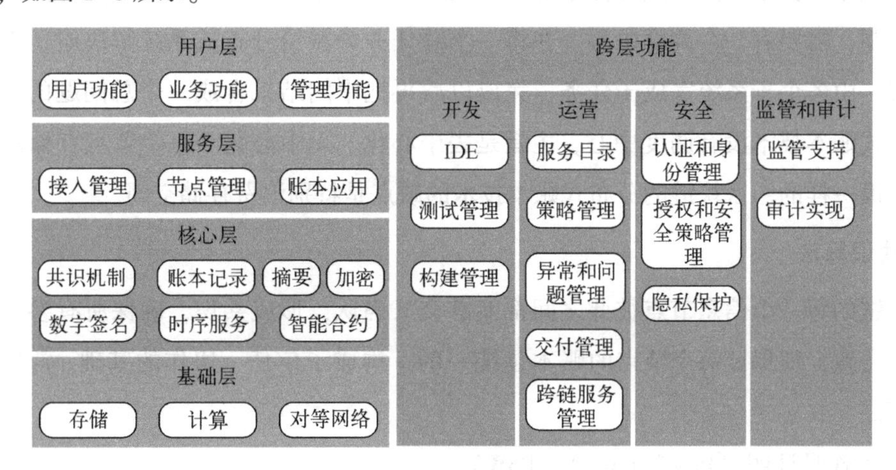

图 1-8　功能视图

（3）用户视图和功能视图的关系

在标准草案中，还给出了用户视图和功能视图的关系，如图 1-9 所示。

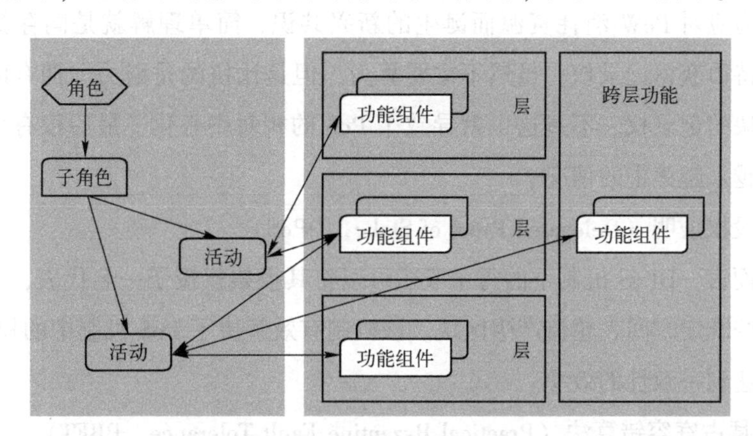

图 1-9　用户视图和功能视图的关系

1.2.3　区块链基础架构中的关键技术

区块链有四个核心技术，分别如下。

1. 分布式账本（Distributed Ledger）

分布式账本是一种在网络成员之间共享、复制和同步的数据库。分布式账本可以记录网络参与者之间的交易，比如资产或数据的交换。这种共享账本消除了调解不同账本的时间和开支的问题。

分布式账本技术与分布式计算系统的区别如下。分布式计算系统因为计算能力、存储能力的限制，需要有一个调度中心。在将一个总任务分派给分布式系统解决时，需要把总任务分解，由各个子系统完成子任务，完成以后再把中间结果合成一个总问题的解。区块链的分布式账本技术没有调度中心，主旨是去中心化、无中心化。每个节点存储的块状账本都是一模一样的。区块链的分布式账本技术的缺点是特别浪费存储空间。

2. 共识算法

区块链的每一个信息节点彼此之间都能够交叉确认，形成共识，确保所有参与方的信息值完全一致，即保证每个节点的账本是统一的，构成了信任、协作的基础。常见的共识算法如下。

（1）工作量证明（Proof of Work，PoW）

它主要在比特币上使用。PoW 的缺点一个是耗能大，需要不停地进行大量的计算（当前主要缺点）；另一个是占用大量存储空间（目前存储空间还没有使用多少）。

（2）权益证明（Proof of Stake，PoS）

这是一种为应对 PoW 消耗资源而诞生的新兴共识，简单理解就是同存款获得利息一样，用户通过持币获得记录权，虽然不需要算力，但是比拼的是财力，拥有的币多的人就拥有下一个区块的记录权。不过这也就导致了 PoS 的相对中心化，最后很有可能会造成富者越富、资源越来越集中的情况。

（3）授权股权证明（Delegated Proof of Stake，DPoS）

相对 PoS 而言，DPoS 机制下的每个股东可以将其投票权授予一名代表，获票数最多的前 100 名代表按既定时间表轮流产生区块。该机制有效解决了 PoS 机制中的权利集中问题，并提高了系统达到一致性的效率。

（4）实用拜占庭容错算法（Practical Byzantine Fault Tolerance，PBFT）

该算法起源于拜占庭将军问题，多用于多方沟通时保持信息的一致性。其解决了原始拜占庭容错算法效率不高的问题，算法的时间复杂度是 $O(n^2)$。

3. 智能合约

智能合约是一种旨在以信息化方式传播、验证或执行合同的计算机协议。它允许在不需要第三方的情况下，执行可追溯、不可逆转和安全的交易。智能合约包含了有关交易的所有信息，只有在满足要求后才会执行结果操作。智能合约和传统纸质合约的区别在于智能合约是由计算机生成并执行的。因此，代码本身解释了参与方的相关权利和义务。

事实上，智能合约的参与方通常是互联网上的陌生人，他们受制于有约束力的数字化协议。本质上，智能合约是“执行合约条款的计算机交易协议”，只有合约双方达成一致的协议，合约内容才可以被执行。

智能合约是部署在区块链上、可自动运行的一段程序。该程序可以针对不同场景的业务需求进行编写，有助于区块链在更多场景中得到应用。自从以太坊开始提供智能合约之后，币和链才得以区分开。

智能合约的概念可以追溯到1994年，由Nick Szabo提出，但直到2008年才出现采用智能合约所需的区块链技术，而最终于2013年，作为以太坊智能合约系统的一部分，智能合约才首次出现。

4. 密码学

密码学是信息安全的基础。区块链中用到了很多密码学的方法，主要用于加密、密钥传输、身份验证等，保证了数据传输的安全性和数据的隐私性。

1.3 区块链标准化现状及其未来发展趋势

区块链作为一项近年来重要的创新技术，已经引起了国际标准化组织和世界各国的重视，并且区块链的标准化工作已经取得了许多成果，这为区块链未来的发展奠定了良好的基础。

1.3.1 区块链标准化工作的进展

2016年9月，国际标准化组织（ISO）成立了区块链和分布式记账技术的技术委员会(ISO/TC 307)，它的主要工作范围是制定区块链和分布式记账技术领域的国际标准，以及与其他国际性组织合作研究区块链领域的标准化相关工作。

2017年，ISO/TC 307召开了两次全体会议，确定了国际标准化的工作思路。截至2018年4月，ISO/TC 307成立了3个工作组（基础工作组，安全、隐私和身份认证工作组，智能合约及其应用工作组）和3个研究组（用例研究组、治理研究组和互操作研究组)。

2018年5月14~18日，由全球最大的标准化组织ISO推动的ISO/TC 307（区块链和分布式记账技术标准化技术委员会）第三次全体会议在英国伦敦召开。本次会议由英国标准协会主办，来自中国、美国、英国、澳大利亚、法国、德国、日本、印度、韩国、加拿大等35个国家成员体和国际组织的200余位代表出席。

2019年，我国区块链领域标准建设取得重大进展，区块链和分布式计算技术标准化委员会获批筹建，已发布多项行业标准，一项国家标准，近十项行业标准立项，积极参与国际标准化组织（ISO）等机构的国际标准工作，主导区块链参考架构等国际标准的制定。

2020年，我国区块链领域一项重要的工作是筹建全国区块链和分布式计算技术标准化委员会，加快推动急需标准的制定。

目前，ISO/TC 307在加快推动区块链中的基础类、智能合约、安全隐私、身份认证、互操作等方向的重点标准研制工作。术语和概念、参考架构、分类和本体等8项国际标准已完成立项，进入研制阶段。其中，术语和参考架构等基础类标准主要回答区块链是什么和怎么用的问题，同时建立标准语言并指导其他标准的研发；安全隐私、身份识别、智能合约等相关标准则主要回答如何在保证安全性、隐私保护和合规性的前提下设计、开发、维护和使用区块链系统。8项国际标准的制定，将有助于统一认识、打通技术屏障和防范应用风险，为全球区块链产业发展提供重要的技术支撑。8个标准如下。

1）区块链和分布式记账技术——术语和概念（ISO/AWI 22739 Blockchain and distributed ledger technologies—Terminology and concepts）。

2）区块链和分布式记账技术——隐私和个人可识别信息（PII）保护概述（ISO/NP TR 23244 Blockchain and distributed ledger technologies — Overview of privacy and personally identifiable information（PII）protection）。

3）区块链和分布式记账技术——安全风险和漏洞（ISO/NP TR 23245 Blockchain and distributed ledger technologies — Security risks and vulnerabilities）。

4）区块链和分布式记账技术——身份概览（ISO/NP TR 23246 Blockchain and distributed ledger technologies — Overview of identity）。

5）区块链和分布式记账技术——参考架构（ISO/AWI 23257 Blockchain and distributed ledger technologies — Reference architecture）。

6）区块链和分布式记账技术——分类和本体（ISO/AWI TS 23258 Blockchain and distributed ledger technologies — Taxonomy and Ontology）。

7）区块链和分布式记账技术——合规性智能合约（ISO/AWI TS 23259 Blockchain and distributed ledger technologies — Legally binding smart contracts）。

8）区块链和分布式记账技术——区块链和分布式记账技术系统中智能合约的交互概述（ISO/NP TR Blockchain and distributed ledger technologies — Overview of and interactions between smart contracts in blockchain and distributed ledger technology systems）。

在这8项国际标准中，我国分别承担了分类和本体（Taxonomy and Ontology）的编辑以及参考架构（Reference architecture）的联合编辑工作。

1.3.2　区块链的发展历程与未来趋势

区块链的发展历程可以分为以下三个阶段。

第一阶段：2008—2013 年。

从中本聪 2008 年发表的论文“比特币：一种点对点式的电子现金系统”开始，这段时间主要是比特币的时代，它验证了区块链技术的可行性。当时链和币是紧密联系在一起的，区块链的概念很弱。所使用的共识算法主要是矿机挖矿，系统性能较差，每秒只有几笔交易。

第二阶段：2013—2015 年。

区块链平台发展阶段，这一阶段主要引入了智能合约，此后链和币分开，使得区块链技术不仅可以应用于数字货币等金融领域，还可以用在游戏、存证等领域。现在国内也有许多系统用以太坊来实现。第二阶段使用的共识算法主要是投票制+工作量证明。但由于是公有链，仍未解决一些商用问题：效率低（每秒几十笔交易）；公有链是完全公开的，而商业用途需要有些节点的数据不能被其他节点看到，没有做到节点可控。这一阶段的安全性和效率存在一些问题。

第三阶段：2015 至今。

2015 年由 IBM 主导成立了一个超级账本（开源社区），开始研究联盟链。联盟链采用的消息共识机制是拜占庭容错算法，大大减少了计算资源消耗，性能大幅度提高。国内联盟链平台每秒可以做到 1 万笔交易。

目前，区块链是互联网之上的一个很好的应用，从未来的趋势看，区块链有望下沉到互联网的基础层，与现有的互联网基础设施融合发展，构成新一代的安全可信网络空间。目前的互联网承担的主要任务是信息传递，而加入区块链之后可以形成一个可信任的互联网。

2017 年 5 月 26 日，中国信息通信研究院组织了专题团队，对区块链技术演进、应用发展、安全与监管等进行了研究，提出了“全球区块链应用发展十大趋势”，主要观点总结如下。

1. 区块链行业应用加速推进，从数字货币向非金融领域渗透扩散

区块链技术作为一种通用性技术，从数字货币领域加速渗透至其他领域，和各行各业创新相融合。未来区块链的应用将由两个阵营推动。一个是 IT 阵营，从信息共享着手，以

低成本建立信用为核心，逐步覆盖数字资产等领域。另一个是加密货币阵营，从货币出发，逐渐向资产端管理、存证领域推进，并向征信和一般信息共享类应用扩散。

2. 企业应用是区块链的主战场，联盟链/私有链将成为主流方向

目前，区块链的实际应用很多都集中在数字货币领域，属于虚拟经济。未来的区块链应用将脱虚向实，更多传统企业会使用区块链技术来降低成本、提升协作效率，激发实体经济增长，是未来一段时间区块链应用的主战场。

与公有链不同，在企业级应用中，人们更关注区块链的管控、监管合规、性能、安全等因素。因此，联盟链和私有链这种强管理的区块链部署模式，更适合企业在应用落地中使用，是企业级应用的主流技术方向。

3. 应用催生多样化的技术方案，区块链性能将不断得到优化

未来，区块链应用将从单一向多元方向发展。票据、支付、保险、供应链等不同应用，在实时性、高并发性、延迟和吞吐等多个维度上将高度差异化。这将催生出多样化的技术解决方案。区块链技术还远未定型，在未来一段时间还将持续演进，共识算法、服务分片、处理方式、加密方式、组织形式等技术环节上都有效率提升的空间。

4. 区块链与云计算的结合越发紧密，BaaS 有望成为公共信任基础设施

云计算是大势所趋，区块链与云计算的结合也是必然的趋势。区块链与云计算的结合有两种模式，一种是区块链在云上，另一种是区块链在云里。后面一种也就是 BaaS（Blockchain-as-a-Service），是指云计算服务商直接把区块链作为服务提供给用户。未来，云计算服务企业会越来越多地将区块链技术整合至云计算的生态环境中，通过提供 BaaS 功能有效降低企业应用区块链的部署成本和创新创业的初始门槛。

5. 区块链安全问题日益凸显，安全防护需要技术和管理全局考虑

区块链系统从数学原理上讲是近乎完美的，具有公开透明、难以篡改、可靠加密、防 DDoS 攻击等优点。但是，从工程上来看，它的安全性仍然受到基础设施、系统设计、操作管理、隐私保护和技术更新迭代等多方面的制约。未来需要从技术和管理上全局考虑，加强基础研究和整体防护，才能确保应用的安全。

6. 区块链的跨链需求增多，互联互通的重要性凸显

随着区块链应用深化，支付结算、物流追溯、医疗病历、身份验证等领域的企业或行业都将建立各自的区块链系统。未来这些众多的区块链系统间的跨链协作与互通是一个必然趋势。可以说，跨链技术是区块链实现价值互联网的关键，区块链的互联互通将成为越来越重要的议题。

7. 区块链竞争日趋激烈，专利争夺成为竞争重要领域

随着参与主体的增多，区块链的竞争将越来越激烈，竞争是全方位的，包括技术、模式、专利等多维度。未来，企业将在区块链专利上加强布局。2014 年以来，区块链专利申请数量出现爆发式增长。区块链专利主要分布在北美洲的美国、欧洲的英国、亚洲的中国和韩国，未来将维持这种格局。中美区块链专利差距在减小，2016 年，中国区块链专利申请量已超越美国。可以预见，未来的区块链专利争夺将日趋激烈。

8. 区块链投资曾经火爆，代币众筹模式累积风险值得关注

区块链成为资本市场追逐的热点。未来投资还将延续 2014—2016 年不断上升的趋势。与其他科技领域的融资模式不同，区块链领域出现了一种称为“代币众筹”的模式，即 Initial Coin Offering（ICO），是创业公司发行代币、募集资金的一种众筹方式。2016 年，全球代币众筹的份额已占区块链相关风险投资总额的 48%，成为一个重要渠道。近年来，随着代币众筹交易量的攀升，其缺乏审核、价值波动巨大、处于监管边缘等风险将随之增大，值得人们关注。

9. 区块链技术与监管存在冲突，但矛盾有望进一步调和

区块链的去中心化、去中介和匿名性等特性与传统的企业管理和政府监管体系不协调，但也应该看到区块链给监管带来的机遇。未来企业将积极迎合监管需求，在技术方案和模式设计上主动内置监管要求，不仅要做到合规运作，还要能大幅度节约监管合规的成本。未来全球的监管部门也将拥抱区块链这项新的监管科技，用新科技提升政府监管效能。

10. 可信是区块链的核心要求，标准规范的重要性日趋凸显

未来，区块链的标准将从用户的角度出发、以业务为导向，从智能合约、共识机制、信息安全、权限管理等维度，规范区块链的技术和治理，增强区块链的可信程度，给区块链的信任增加砝码。

1.4 思考题

1. 什么是区块链？

2. 比特币与区块链的关系是什么？

3. 比特币是如何发出新币的，工作量证明又是怎样计算的？
4. 区块链技术能应用到哪些方面？
5. 区块链有哪些特点？
6. 区块链有哪些类型？
7. 发展区块链的意义是什么？
8. 常用的区块链基础架构都包含哪些层次？
9. 区块链有哪些核心技术？
10. 区块链的发展有哪三个阶段？

第2章 密码学基础

密码学是区块链中最重要的技术之一。密码学源于希腊语 kryptós（意为“隐藏的”）和 grápheín（意为“书写”），传统意义上来说，是研究如何把信息转换成一种隐蔽的方式并阻止其他人得到它。密码学是信息安全的基础和核心，是防范各种安全威胁的最重要的手段，信息安全的许多知识都与密码学相关。本章主要讲述密码学的基本知识，包括古典密码学、对称密码学、非对称密码学、Hash 算法、数字签名等。

2.1 密码学概述

密码学是研究编制密码和破译密码的技术科学。研究密码变化的客观规律，应用于编制密码以保守通信秘密的，称为编码密码学；应用于破译密码以获取通信情报的，称为破译密码学，总称密码学。

密码学是在编码与破译的斗争实践中逐步发展起来的，并随着先进科学技术的应用，已成为一门综合性的尖端技术科学。它与语言学、数学、电子学、声学、信息论、计算机科学、军事学等有着广泛而密切的联系。它的现实研究成果，特别是各国政府现用的密码编制及破译手段都具有高度的保密性。

小小的密码还可能导致一场战争的胜负。例如，美国在 1942 年制造出了世界上第一台计算机。第二次世界大战期间，日本最高级别的加密手段是采用 M-209 转轮机械加密改进型——紫密，在手工计算的情况下不可能在有限的时间破解，美国则利用计算机轻松地破译了日本的紫密密码，使日本在中途岛海战中一败涂地，日本海军的主力损失殆尽。1943 年，美国在解密后获悉日本的山本五十六将于 4 月 18 日乘坐中型轰炸机，由 6 架战斗机护航，到前线视察时，时任总统罗斯福亲自做出决定截击山本，山本乘坐的飞机在去往前线的路途中被美军击毁，山本坠机身亡，日本海军从此一蹶不振。可以说，密码学的发展直接影响了二战的战局。

2.1.1 密码学的发展历史

最早的密码学应用可追溯到公元前2000年古埃及人使用的文字。这种文字由复杂的图形组成，其含义只被为数不多的人掌握。而最早将密码学概念运用于实际的人是恺撒大帝，他不太信任负责他和他手下将领通信的传令官，因此他发明了一种简单的加密算法来把他的信件加密。

历史上的第一件军用密码装置是公元前5世纪的斯巴达密码棒（Scytale），如图2-1所示，它采用了密码学上的移位法（Transposition）。移位法是将信息内字母的次序调动，而斯巴达密码棒则利用了字条缠绕木棒的方式，把字母进行位移。收信人要使用相同直径的木棒才能得到还原的信息。

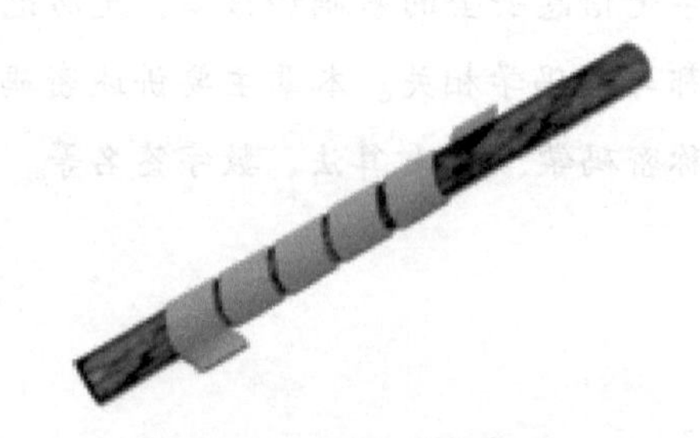

图2-1 斯巴达密码棒

经典密码学（Classical Cryptography）的两大类别分别为：置换加密法，将字母的顺序重新排列；替换加密法，将一组字母换成其他字母或符号。

经典加密法加密很易受统计的攻破，资料越多，破解就越容易，使用分析频率就是一个好的办法。经典密码学现在仍未消失，常被用于考古学上，还经常出现在智力游戏之中。在20世纪早期，包括转轮机的一些机械设备被发明出来用于加密，其中最著名的是用于第二次世界大战的密码机“迷”（Enigma），如图2-2所示。这些机器产生的密码相当大地增加了密码分析的难度。针对Enigma的各种各样的攻击，在付出了相当大的代价后才得以成功。

总的来说，密码学的发展划分为3个阶段。

1. 第一阶段——古代到1948年

这一阶段可以看作是科学密码学的前夜时期，这阶段的密码技术可以说是一种艺术，而不是一种科学，还没有形成密码学的系统理论。密码学专家常常是凭知觉和信念来进行

图 2-2 Enigma 密码机

密码设计和分析，而不是严谨的推理和证明。

这个时期发明的密码算法在现代计算机技术条件下都是不安全的。但是，其中的一些算法思想如代换、置换，是分组密码算法的基本运算模式。

斯巴达密码棒就属于这一时期的“杰作”。

2. 第二阶段——1949 年到 1975 年

1949 年香农发表的《保密系统的信息理论》为私钥密码系统建立了理论基础，从此密码学成为一门科学，但密码学直到今天仍具有艺术性，是具有艺术性的一门科学。这个时期密码学理论的研究工作进展不大，公开的密码学文献很少。

20 世纪 70 年代，在 IBM 沃森公司工作的菲斯特提出了一种被称为菲斯特密码的密码体制，成为当今著名的数据加密标准 DES 的基础。在 1976 年，菲斯特和美国国家安全局一起制定了 DES 标准，是一种具有深远影响的分组密码算法。

这个时期的美、苏、英、法等很多国家都已经意识到了密码的重要性，开始投入大量的人力和物力进行相关的研究，但是，研究成果都是保密的；而个人既没有系统的知识，更没有巨大的财力来从事密码学研究。这一状况一直持续到 1967 年 David Kahn 发表了《破译者》一书。这本书中虽然没有任何新颖的思想，但是，它详尽地阐述了密码学的发展和历史，使许多人开始了解和接触密码学。此后，与密码相关的研究人员才逐渐多起来。

3. 第三阶段——1976年至今

1976年，Diffie和Hellman发表的文章“密码学的新动向”导致了密码学的一场革命。他们首先证明了在发送端和接收端无密钥传输的保密通信是可能的，从而开创了公钥密码学的新纪元。从此，密码开始充分发挥它的商用价值和社会价值，普通人能够接触到前沿的密码学。

1978年，在ACM通信中，Rivest、Shamir和Adleman公布了RSA密码体制，其是第一个真正实用的公钥密码体制，可以用于公钥加密和数字签名。由于RSA算法对计算机安全和通信的巨大影响，该算法的三个发明人因此获得了计算机界的诺贝尔奖——图灵奖。在1990年，中国学者来学嘉和Massey提出一种有效的、通用的数据加密算法IDEA，试图替代日益老化的DES，成为分组密码发展史上的又一个里程碑。

为了应对美国联邦调查局对公民通信的监控，Phil Zimmerman在1991年发布了基于I-DEA的免费邮件加密软件PGP。由于该软件提供了具有军用安全强度的算法并得到广泛传播，因此成为一种事实标准。

现代密码学的另一个主要标志是基于计算复杂度理论的密码算法安全性证明。清华大学姚期智教授在保密通信计算复杂度理论上有重大的贡献，并因此获得图灵奖，是图灵奖历史上的第一位华人得主。在密码分析领域，王小云教授对经典哈希函数MD5、SHA-1等的破解取得了密码学近些年的重大进展。

随着计算能力的不断增强，现在DES已经变得越来越不安全。1997年美国国家标准与技术研究院公开征集新一代分组加密算法，并于2000年选择Rijndael作为高级加密算法（AES）以取代DES。

总的来说，在实际应用方面，古典密码算法有替代加密、置换加密；对称加密算法包括DES和AES；非对称加密算法包括RSA、背包密码、Rabin、椭圆曲线等。目前在数据通信中使用最普遍的算法有DES算法和RSA算法等。

除了以上这些密码技术以外，一些新的密码技术如辫子密码、量子密码、混沌密码、DNA密码等近年来也发展起来。

2.1.2 密码学的基本概念

图2-3为香农提出的保密通信模型。消息源要传输的消息X（可以是文本文件、位图、数字化的语言、数字化的视频图像）就叫作明文，明文通过加密器加密后得到密文Y，将

明文变成密文的过程叫作加密，记为 E，它的逆过程称为解密，记为 D。

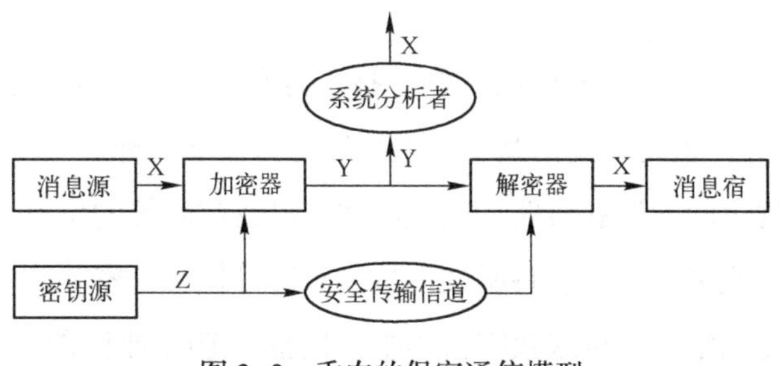

图 2-3 香农的保密通信模型

要传输消息 X，首先加密得到密文 Y，即 Y=E(X)，接收者收到 Y 后，要对其进行解密 D(Y)，为了保证将明文恢复，要求 D(E(X))=X。

除了以上的术语以外还有如下一些术语。

1）密码员：对明文进行加密操作的人员称作密码员或加密员（Cryptographer）。

2）加密算法：密码员对明文进行加密时采用的一组规则称为加密算法（Encryption Algorithm）。

3）接收者：传送消息的预定对象称为接收者（Receiver）。

4）解密算法：接收者对密文进行解密时采用的一组规则称作解密算法（Decryption Algorithm）。

5）加密密钥和解密密钥：加密算法和解密算法的操作通常是在一组密钥（Key）的控制下进行的，分别称为加密密钥（Encryption Key）和解密密钥（Decryption Key）。

6）截收者：在消息传输和处理系统中，除了预定的接收者外，还有非授权者，他们通过各种办法，如搭线窃听、电磁窃听、声音窃听等来窃取机密信息，称其为截收者（Eavesdropper）。

7）密码分析：虽然不知道系统所用的密钥，但通过分析可以从截获的密文推断出原来的明文，这一过程称为密码分析（Cryptanalysis）。

8）密码分析者：从事密码分析工作的人称作密码分析员或密码分析者（Cryptanalyst）。

9）Kerckholf 假设：通常假定密码分析者或敌手（Opponent）知道所使用的密码系统，这个假设称为 Kerckholf 假设。

10）密码编码学（Cryptography）：主要研究对信息进行编码，实现对信息的隐蔽。

11）密码分析学（Cryptanalytics）：主要研究加密消息的破译或消息的伪造。

2.1.3 密码体制的基本类型

进行明密变换的法则，称为密码的体制。指示这种变换的参数，称为密钥。它们是密码体制的重要组成部分，密码体制的基本类型可以分为以下4种。

1）错乱：按照规定的图形和线路，改变明文字母或数码等的位置，使之成为密文。

2）代替：用一个或多个代替表将明文字母或数码等代替为密文。

3）密本：用预先编定的字母或数字密码组，代替一定的词组单词等，变明文为密文。

4）加乱：用有限元素组成的一串序列作为乱数，按规定的算法，同明文序列相结合变成密文。

以上4种密码体制既可单独使用，也可混合使用，以编制出各种复杂度很高的实用密码。

2.1.4 密码体制的分类

根据密钥的特点将密码体制分为对称密码体制（Symmetric Cryptosystem）和非对称密码体制（Asymmetric Cryptosystem）两种。

对称密码体制又称为单钥（One-key）、私钥（Private Key）或传统（Classical）密码体制。非对称密码体制又称为双钥（Two-Key）或公钥（Public Key）密码体制。

在对称密码体制中，加密密钥和解密密钥是一样的，或者彼此之间是容易相互确定的。在私钥密码体制中，按加密方式又将私钥密码体制分为流密码（Stream Cipher）和分组密码（Block Cipher）两种。在流密码中将明文消息按字符逐位地进行加密；在分组密码中将明文消息分组（每组含有多个字符），逐组地进行加密。

在公钥密码体制中，加密密钥和解密密钥不同，从一个难以推出另一个，可将加密能力和解密能力分开。

现代密码学的一个基本原则是：一切秘密都存在于密钥之中。其含义是，在设计加密系统时，总是假设密码算法是公开的，真正需要保密的是密钥。这是因为密码算法相对密钥来说更容易泄露。算法不需要保密的事实意味着制造商能够且已经开发了实现数据加密算法的低成本芯片，这些芯片可广泛使用并能与一些产品融为一体。对于加密算法的使用，其主要的安全问题是维护密钥的安全。

那么，什么样的密码体制是安全的？有一种理想的加密方案叫作一次一密密码（One-Time Pad），它是由 Major Joseph Mauborgne 和 AT&T 公司的 Gilbert Vernam 在1917年发明的。一次一密的密码本是一个大的不重复的真随机密钥字母集，这个密钥字母集被写在几张纸上，并一起粘成一个密码本。发方用密码本中的每一个作为密钥的字母准确地加密一个明文字符，而加密是明文字符和一次一密乱码本密钥字符的模 26 加法。

每个密钥仅对一个消息使用一次。发方对所发的消息加密，然后销毁密码本中用过的一页。收方有一个同样的密码本，并依次使用密码本上的每个密钥去解密密文的每个字符，在解密消息后销毁密码本中用过的一页。

只要密码本不被泄露，该密码体制就是绝对安全的。该体制的主要问题是密码本的安全分配和安全存储问题。

2.1.5　对密码的攻击

根据密码分析者破译时已具备的前提条件，人们通常将攻击类型分为 4 种。

1）唯密文攻击（Ciphertext-only Attack）：密码分析者有一个或多个用同一密钥加密的密文，通过对这些截获的密文进行分析可以得出明文或密钥。

2）已知明文攻击（Known Plaintext Attack）：除待破解的密文外，密码分析者有一些明文和用同一个密钥加密这些明文所对应的密文。

3）选择明文攻击（Chosen Plaintext Attack）：密码分析者可以得到所需要的任何明文所对应的密文，这些明文与待破解的密文是用同一密钥加密得来的。

4）选择密文攻击（Chosen Ciphertext Attack）：密码分析者可以得到所需要的任何密文所对应的明文（这些明文可能是不大明了的），解密这些密文所使用的密钥与待解密的密文的密钥是一样的。

上述 4 种攻击类型的强度按序递增，如果一个密码系统能够抵抗选择明文攻击，那么它也能够抵抗唯密文攻击和已知明文攻击。

2.2　古典密码学

密码技术的应用一直伴随着人类文化的发展，其古老甚至原始的方法奠定了现代密码学的基础。使用密码的目标就是使一份消息或记录对非授权的人是不可理解的。可能有人认为这很容易，但必须考虑原定的接收方是否能解读消息。如果接收方是没有经验的，随便写个便条他也可能很长时间无法读懂。因此不一定要求加密和解密方法特别复杂，它必须适应使用它的人员的智力、知识及环境。下面介绍古典密码体制发展演化的过程。

2.2.1 古典加密方法

最为人们所熟悉的古典加密方法，莫过于隐写术。它通常将秘密消息隐藏于其他消息中，使真正的秘密通过一份无伤大雅的消息发送出去。隐写术分为两种：语言隐写术和技术隐写术。技术方面的隐写比较容易想象，比如不可见的墨水，洋葱法和牛奶法也被证明是普遍且有效的方法（只要在背面加热或紫外线照射即可复现）。语言隐写术与密码编码学关系比较密切，它主要提供两种类型的方法：符号码和公开代码。

1. 符号码

符号码是以可见的方式，如手写体字或图形，隐藏秘密的书写。在书或报纸上标记所选择的字母，比如用点或短线，这比上述方法更容易被人怀疑，除非使用显隐墨水，但此方法易于实现。一种变形的应用是降低所关心的字母，使其水平位置略低于其他字母，且这种降低几乎让人觉察不到。

2. 公开代码

一份秘密的信件或伪装的消息要通过公开信道传送，需要双方事前的约定，也就是需要一种公开代码。这可能是保密技术的最古老形式，公开文献中经常可以看到。东方和远东的商人和赌徒在这方面有独到之处，他们非常熟练地掌握了手势和表情的应用。在美国的纸牌骗子中较为盛行的方法有：手拿一支烟或用手挠一下头，表示所持的牌不错；一只手放在胸前并且跷起大拇指，意思是“我将赢得这局，有人愿意跟我吗?”右手手掌朝下放在桌子上表示“是”，手握成拳头表示“不”。

2.2.2 代替密码

代替密码就是将明文字母表中的每个字符替换为密文字母表中的字符。这里对应的密文字母可能是一个，也可能是多个。接收者对密文进行逆向替换即可得到明文。代替密码有5种表现形式。

1. 单表代替

单表代替即简单代替密码，或称为单字母代替，明文字母表中的一个字符对应密文字母表中的一个字符。这是所有加密中最简单的方法。

2. 多名码代替

多名码代替就是将明文字母表中的字符映射为密文字母表中的多个字符。多名码简单代替早在 1401 年就由 DuchyMantua 公司使用过。在英文中，元音字母出现的频率最高，降低对应密文字母出现频率的一种方法就是使用多名码，如 e 可能被密文 5、13 或 25 替代。

3. 多音码代替

多音码代替就是将多个明文字符代替为一个密文字符。比如将字母“i”和“j”对应为“K”，而“v”和“w”代替为“L”。最古老的这种多音码代替始见于 1563 年由波他的《密写评价》（De furtiois literarum notis）一书。

4. 多表代替

多表代替即由多个简单代替组成，也就是使用了两个或两个以上的代替表。比如使用有五个简单代替表的代替密码，明文的第一个字母用第一个代替表，第二个字母用第二个表，第三个字母用第三个表，以此类推，循环使用这五个代替表。多表代替密码由莱昂·巴蒂斯塔于 1568 年发明，著名的维吉尼亚密码和博福特密码均是多表代替密码。

5. 密本

密本不同于代替表，一个密本可能是由大量代表字、片语、音节和字母这些明文单元和数字密本组组成，如 1563 - baggage、1673 - bomb、2675 - catch、2784 - custom、3645 - decide to、4728-from then on 等。在某种意义上，密本就是一个庞大的代替表，其基本的明文单位是单词和片语，字母和音节主要用来拼出密本中没有的单词。实际使用中，密本和代替表的区别还是比较明显的，代替表是按照规则的明文长度进行操作的，而密本是按照可变长度的明文组进行操作的。密本最早出现在 1400 年左右，后来大多应用于商业领域。二战中盟军的商船密本、美国外交系统使用的 GRAY 密本就是典型的例子。

凯撒密码是一个古老的代替加密方法，当年凯撒大帝行军打仗时用这种方法进行通信，因此得名。它的原理很简单，其实就是单字母的替换。举一个简单的例子：“This is Caesar Code”，用凯撒密码加密后字符串变为“vjku ku Ecguct Eqfg”。看起来似乎加密得很“安全”，可是只要把这段很难懂的字符串的每一个字母替换为字母表中前移两位的字母，结果就出来了。凯撒密码的字母对应关系如下：

A b c d e f g h i … x y z

C d e f g h I j k … z a b

如何破解包括恺撒密码在内的单字母替换密码？方法是字母频度分析。尽管不知道是谁发现了字母频度的差异可以用于破解密码，但是 9 世纪的科学家阿尔·金迪在《关于破译加密信息的手稿》中对该技术做了最早的描述：“如果知道一条加密信息所使用的语言，那么破译这条加密信息的方法就是找出用同样的语言写的一篇其他文章，大约一页纸长，然后计算其中每个字母的出现频率。将频率最高的字母标为 1 号，频率排第二的标为 2 号，第三标为 3 号，依次类推，直到数完样品文章中的所有字母。然后观察需要破译的密文，同样分类出所有的字母，找出频率最高的字母，并全部用样本文章中最高频率的字母替换，第二高频的字母用样本中 2 号代替，第三高频的字母则用 3 号替换，直到密文中所有字母均已被样本中的字母替换。”

以英文为例，首先以一篇或几篇一定长度的普通文章，建立字母表中每个字母的频度表，如图 2-4 所示。再分析密文中的字母频率，将其对照即可破解。

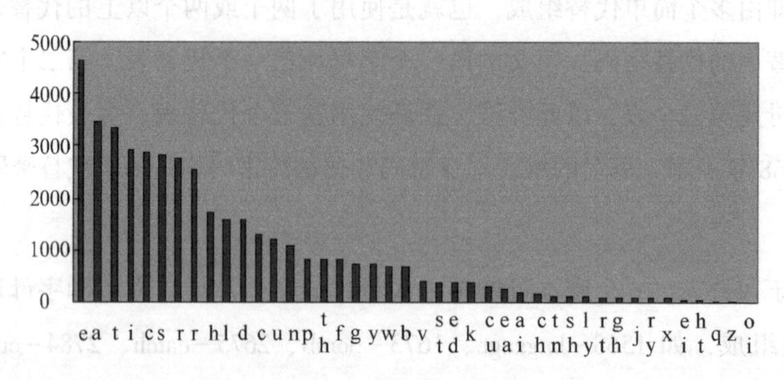

图 2-4　字母的频度表

虽然加密者后来针对频率分析技术对以前的加密方法做了些改进，比如引进空符号等，目的是打破正常的字母出现频率。但是小的改进已经无法掩盖单字母替换法的巨大缺陷。到 16 世纪，最好的密码破译师已经能够破译当时大多数的加密信息。但是这种破解方法也有其局限性。短的文章可能严重偏离标准频率，假如文章少于 100 个字母，那么对它的解密就会比较困难，而且不是所有文章都适用标准频度。

2.2.3　换位密码

在换位密码中，明文字符集保持不变，只是字母的顺序被打乱了。比如简单的纵行换位，就是将明文按照固定的宽度写在一张图表纸上，然后按照垂直方向读取密文。这种加密方法也可以按下面的方式解释：明文分成长为 m 个元素的块，每块按照 n 来排列。这意味着一个重复且宽度为 m 的单字母的多表加密过程，即分块换位是整体单元的换位。简单的换位可以很容易地用纸笔实现，而且比分块换位出错的机会少。尽管它跑遍整个明文，但它并没有比整体单元换位提供更多的密码安全。

在第二次世界大战中，德军曾一度使用一种被称为 bchi 的双重纵行换位密码，而且作为陆军和海军的应急密码，只不过密钥字每天变换，并且在陆军团以下单位使用。但此时英国人早就能解读此类消息了，两个不同的密钥字甚至三重纵行换位的使用也无济于事。

在这种密码中最简单的是栅栏技术，在该密码中以对角线顺序写下明文，并以行的顺序读出。例如，为了用深度 2 的栅栏密码加密明文消息“meet me after the toga party”，写出如下形式：

M e m a t r h t g p r y

  e t e f e t e o a a t

被加密后的消息是：MEMATRHTGPRYETEFETEOAAT。

破译这类密码很简单，一种更为复杂的方案是以一个矩形逐行写出消息，再逐列读出该消息，并以行的顺序排列，列的阶则成为该算法的密钥。

密钥：4 3 1 2 5 6 7

明文：a t t a c k p

o s t p o n e

d u n t i l t

w o a m x y z

密文：TTNAAPTMTSUOAODWCOIXKNLYPETZ。

纯置换密码易于识别，因为它具有与原明文相同的字母频率，对于刚才显示的列变换的类型，密码分析相当直接，可将这些密文排列在一个矩阵中，并依次改变行的位置。双字母组和三字母组频率表能够派上用场。通过执行多次置换，置换密码的安全性能够有较大改观，其结果是使用更为复杂的排列且不容易被重构。

2.3 对称密码学

对称密码学所采用的算法也称为对称密钥算法。所谓的对称密钥算法就是用加密数据使用的密钥可以计算出用于解密数据的密钥，反之亦然。绝大多数的对称加密算法的加密密钥和解密密钥是相同的。

2.3.1 对称密码学概述

对称加密算法要求通信双方在建立安全信道之前，约定好所使用的密钥。对于好的对称加密算法，其安全性完全取决于密钥的安全，算法本身是可以公开的，因此一旦密钥泄露就等于泄露了被加密的信息。对称加密算法是传统常用的算法，如DES、3DES、AES等算法都属于对称加密算法。图2-5为对称加密算法的原理图。

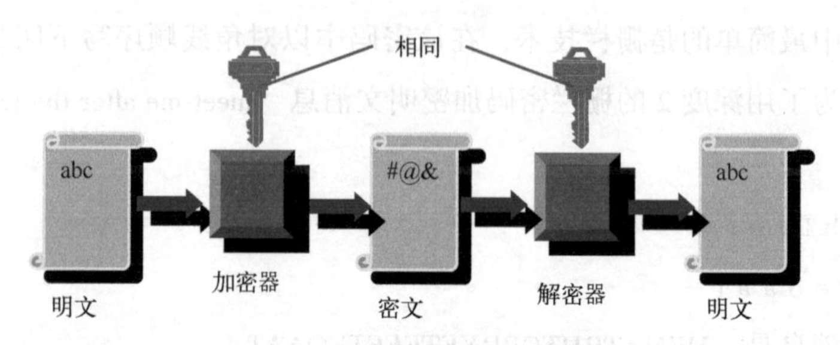

图2-5　对称加密算法的原理图

2.3.2　AES加密算法

高级加密标准（Advanced Encryption Standard，AES）也称为Rijndael分组加密算法，是一种对称密钥的分组迭代加密算法，分组长度固定为128 bit，使用的密钥可以分为128 bit、192 bit或256 bit这3种不同的长度，具有安全性高、易于软硬件实现、算法设计简单的特点，能抵抗所有已知类型的攻击。

AES包含5种加密模式，分别为：

1）电码本模式（Electronic Codebook Book，ECB）。

2）密码分组链接模式（Cipher Block Chaining，CBC）。

3）计算器模式（Counter，CTR）。

4）密码反馈模式（Cipher FeedBack，CFB）。

5）输出反馈模式（Output FeedBack，OFB）。

AES算法主要包括字节替代（SubBytes）、行移位（ShiftRows）、列混淆（MixColumns）和轮密钥加（AddRoundKey）4个步骤。AES加解密的流程如图2-6所示，可以看出：①解密算法的每一步分别对应加密算法的逆操作；②加解密所有操作的顺序正好是相反的；③加密算法与解密算法每步的操作互逆。通过这三点保证了AES算法的正确性。

AES加密过程是在一个4×4的字节矩阵上运作，这个矩阵又称为“状态”（State），其初值就是一个明文区块（矩阵中一个元素大小就是明文区块中的一个Byte）。AES加密法因支持更大的区块，其矩阵行数可视情况增加。加密时，各轮AES加密循环（除最后一轮外）均包含以下4个步骤。

1）AddRoundKey：矩阵中的每一个字节都与该次轮密钥（Round Key）做XOR运算；

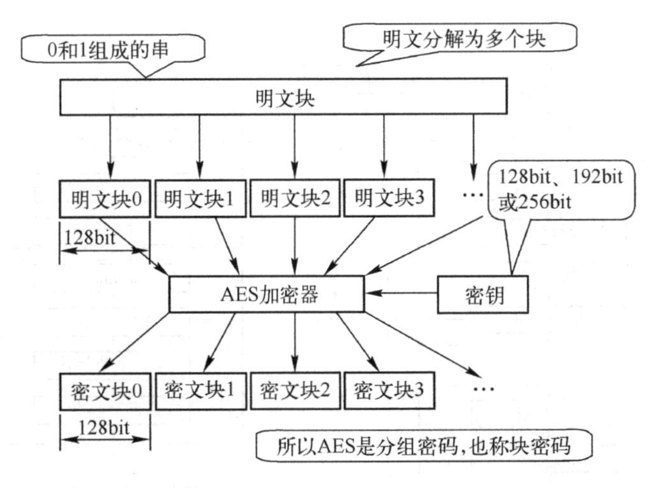

图 2-6　AES 加解密的流程

每个子密钥由密钥生成方案产生。

2）SubBytes：通过非线性的替换函数，用查找表的方式把每个字节替换成对应的字节。

3）ShiftRows：将矩阵中的每个横列进行循环式移位。

4）MixColumns：为了充分混合矩阵中各个直行的操作，这个步骤使用线性转换来混合每列的四个字节。

最后一个加密循环中省略 MixColumns 步骤，而以另一个 AddRoundKey 步骤代替。

AES 算法的核心列混合运算公式为

$$\begin{pmatrix} S'_{0i} \\ S'_{1i} \\ S'_{2i} \\ S'_{3i} \end{pmatrix} = \begin{pmatrix} 02 & 03 & 01 & 01 \\ 01 & 02 & 03 & 01 \\ 01 & 01 & 02 & 03 \\ 03 & 01 & 01 & 02 \end{pmatrix} \begin{pmatrix} S_{0i} \\ S_{1i} \\ S_{2i} \\ S_{3i} \end{pmatrix}$$

AES 算法的核心列混合运算的逆运算公式为

$$\begin{pmatrix} S'_{0i} \\ S'_{1i} \\ S'_{2i} \\ S'_{3i} \end{pmatrix} = \begin{pmatrix} 0e & 0b & 0d & 09 \\ 09 & 0e & 0b & 0d \\ 0d & 09 & 0e & 0b \\ 0b & 0d & 09 & 0e \end{pmatrix} \begin{pmatrix} S_{0i} \\ S_{1i} \\ S_{2i} \\ S_{3i} \end{pmatrix}$$

AES 算法的流程图如图 2-7 所示。

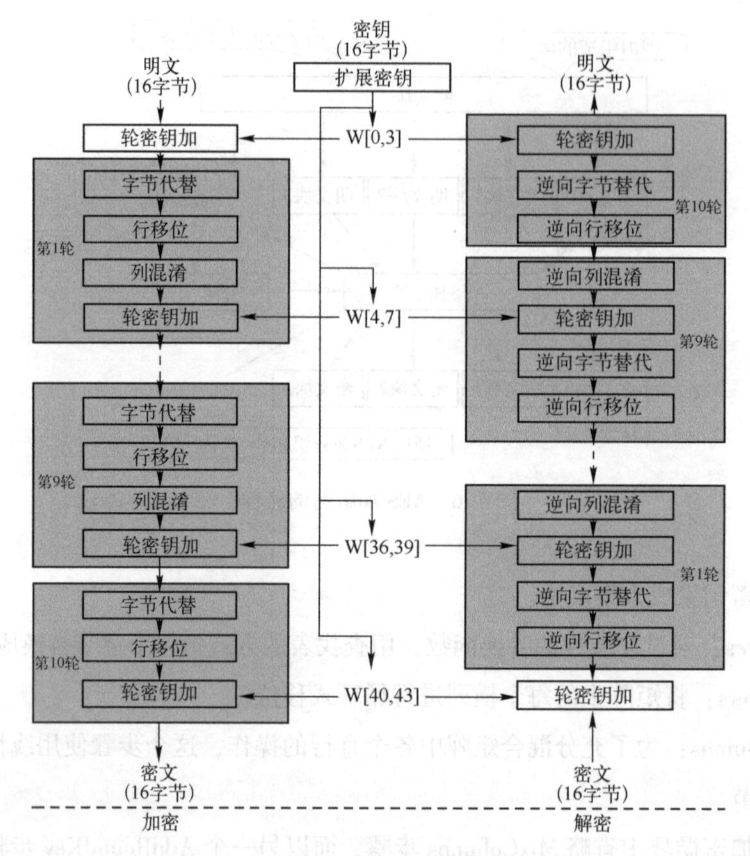

图 2-7　AES 算法流程图

2.3.3　DES 加密算法

DES（Data Encryption Standard）算法是美国政府机关为了保护信息处理中的计算机数据而使用的一种加密方式，是一种常规密码体制的密码算法，目前已广泛用于电子商务系统中。64 位 DES 算法的详细情况已在美国联邦信息处理标准（FIPS PUB46）上发表。该算法输入的是 64 bit 的明文，在 64 bit 密钥的控制下产生 64 bit 的密文；反之输入 64 bit 的密文，则会输出 64 bit 的明文。64 bit 的密钥中含有 8 bit 的奇偶校验位，所以实际有效密钥长度为 56 bit。图 2-8 为 DES 算法的流程图，图 2-9 为 DES 算法的结构。

随着研究的发展，DES 算法在基本不改变加密强度的条件下，发展了许多变形 DES。3DES 是 DES 算法扩展其密钥长度的一种方法，可使加密密钥长度扩展到 128 bit（112 bit 有效）或 192 bit（168 bit 有效）。其基本原理是将 128 bit 的密钥分为 64 bit 的两组，对明文进行多次普通的 DES 加解密操作，从而增加加密强度。具体实现方式不在此详述。

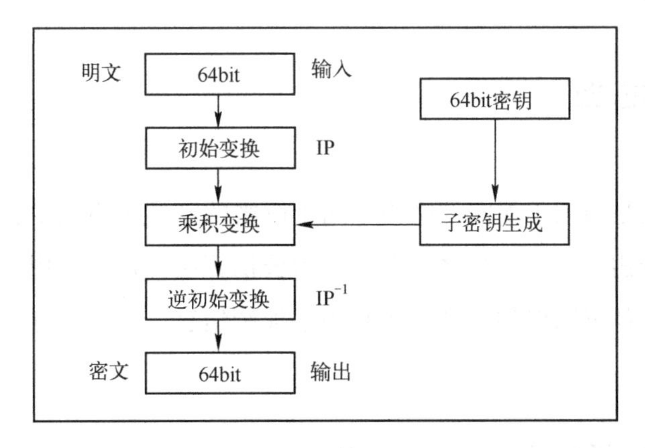

图 2-8　DES 算法流程图

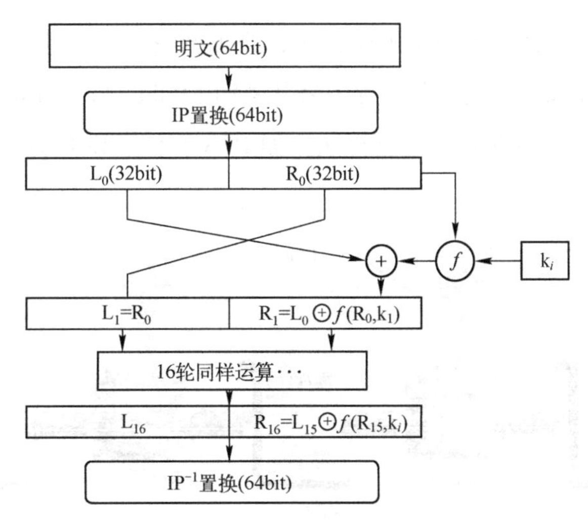

图 2-9　DES 算法的结构

对称加密算法最主要的问题是：由于加解密双方都要使用相同的密钥，因此在发送、接收数据之前，必须完成密钥的分发。因而，密钥的分发便成了该加密体系中的最薄弱、风险最大的环节。各种基本的手段均很难保障安全地完成此项工作。从而使密钥更新的周期加长，给他人破译密钥提供了机会，实际上这与传统的保密方法差别不大。在历史上的战争中，破获他国情报的纪录不外是两种方式：一种是在敌方更换“密码本”的过程中截获对方的密码本；另一种是敌人密钥变动周期太长，被长期跟踪，找出规律从而被破获。在对称加密算法中，尽管由于密钥强度增强，跟踪找出规律破获密钥的机会大大降低了，但密钥分发的困难问题几乎无法解决。例如，设有 n 方参与通信，若 n 方都采用同一个对称密钥，一旦密钥被破解，整个体系就会崩溃；若采用不同的对称密钥则需 $n(n-1)$ 个密钥，密钥数和参与通信人数的平方数成正比。这便使大系统密钥的管理几乎成为不可能。

2.4 非对称密码学

非对称加密算法是指用于加密的密钥与用于解密的密钥是不同的，而且从加密的密钥无法推导出解密的密钥。这类算法之所以被称为公钥算法，是因为用于加密的密钥是可以广泛公开的，任何人都可以得到加密密钥并用来加密信息，但是只有拥有对应解密密钥的人才能将信息解密。

2.4.1 非对称密码学概述

在公钥体制中，加密密钥不同于解密密钥，将加密密钥公之于众，谁都可以使用；而解密密钥只有解密人才知道。它们分别称为公开密钥（Public key，PK）和秘密密钥（Secret key，SK）。目前已经有许多非对称加密算法，如 RSA 算法、ECC 算法等。图 2-10 为非对称加密算法示意图。

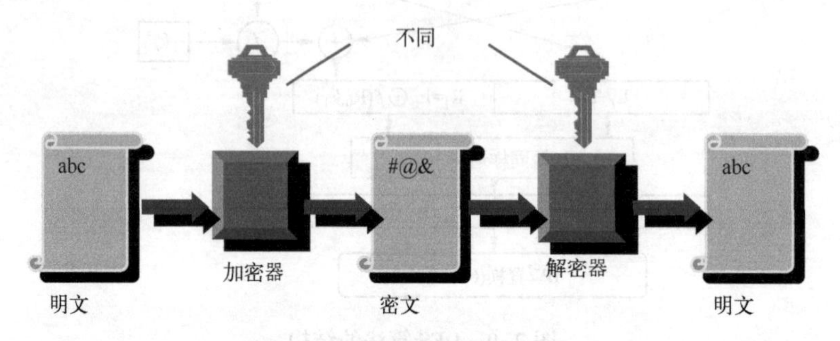

图 2-10 非对称加密算法示意图

迄今为止的所有公钥密码体系中，RSA 系统是最著名、使用最广泛的一种。RSA 公开密钥密码系统是由 R. Rivest、A. Shamir 和 L. Adleman 三位教授于 1977 年提出的。RSA 的取名就是来自于这三位发明者的姓的第一个字母。

第六届信息安全与密码学国际会议推荐了两种应用于公钥密码系统的加密算法：基于大整数因子分解问题（IFP）的 RSA 算法和基于椭圆曲线上离散对数计算问题（ECDLP）的 ECC 算法。RSA 算法的特点之一是数学原理简单、在工程应用中比较易于实现，但它的单位安全强度相对较低。目前用国际上公认的对于 RSA 算法最有效的攻击方法——一般数域筛（NFS）方法去破译和攻击 RSA 算法，它的破译或求解难度是亚指数级的。ECC 算法的数学理论非常深奥和复杂，在工程应用中比较难于实现，但它的单位安全强度相对较高。用国际上公认的对于 ECC 算法最有效的攻击方法——Pollard rho 方法去破译和攻击 ECC 算法，它的破译或求解难度基本上是指数级的。正是由于 RSA 算法和 ECC 算法这一明显不同，使得 ECC 算法的单位安全强度高于 RSA 算法，也就是说，要达到同样的安全强度，ECC 算法所需的密钥长度远比 RSA 算法要低。这就有效地解决了为了提高安全强度必须增加密钥长度所带来的工程实现难度的问题。

2.4.2　RSA 算法

RSA 算法是目前应用最为广泛的公钥密码算法。RSA 加密算法的安全性是以大质数因子的分解不存在经典的多项式算法为基础的，对极大整数做因数分解的难度决定了 RSA 算法的可靠性，因此破解 RSA 的时间将随着密钥长度的增加而指数增长。到目前为止，世界上还没有任何可靠的攻击 RSA 算法的方式。只要其密钥的长度足够长，用 RSA 加密的信息实际上是不能被破解的。

RSA 加密算法流程如图 2-11 所示，它的基本原理如下。

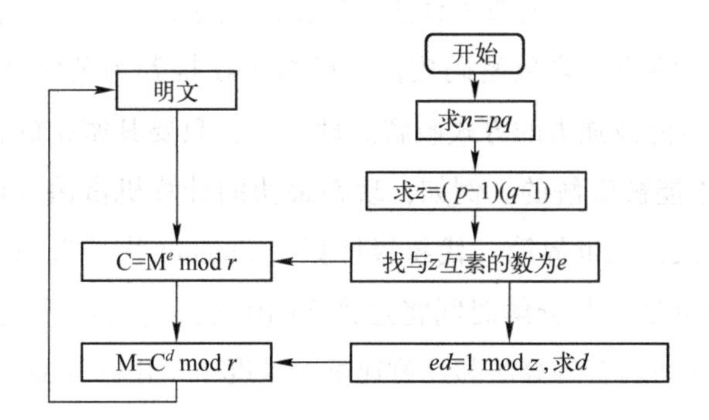

图 2-11　RSA 加密算法流程图

密钥管理中心产生一对公开密钥和秘密密钥，方法是在离线方式下，先产生两个足够大的强质数 p、q。可得 p 与 q 的乘积为 $n=pq$。再由 p 和 q 计算出另一个数 $z=(p-1)\times(q-1)$，然后再选取一个与 z 互素的奇数 e，称 e 为公开指数；从这个 e 值可以找出另一个值 d，并能满足 $e\times d=1 \bmod z$ 条件。由此而得到的两组数 $pk=(n,e)$ 和 $sk=(n,d)$ 分别被称为公开密钥和秘密密钥，或简称公钥和私钥。

对于明文 M，用公钥 (n,e) 加密可得到密文 C。

$$C=M^e \bmod n$$

对于密文 C，用私钥 (n,d) 解密可得到明文 M。

$$M=C^d \bmod n$$

上式的数学证明用到了数论中的欧拉定理，具体过程这里不赘述。

同法，也可定义用私钥(n,d)先进行解密后，然后用公钥(n,e)进行加密（用于签名）。p、q、z由密钥管理中心负责保存。密钥对一经产生便自动将其销毁，或者为了以后密钥恢复的需要将其存入离线的安全黑库里面；如果密钥对是用户自己离线产生的，则p、q、z的保密或及时销毁由用户自己负责。在本系统中，这些工作均由程序自动完成。在密钥对产生后，公钥则通过签证机关CA以证书的形式向用户分发；经加密后的密态私钥用PIN卡携带分发至用户本人。

RSA算法之所以具有安全性，是基于数论中的一个特性事实：将两个大的质数合成为一个大数很容易，而相反的过程则非常困难。在当今技术条件下，当n足够大时，为了找到d，想要从n中通过质因子分解找到与d对应的p、q是极其困难，甚至是不可能的。由此可见，RSA的安全性是依赖于作为公钥的大数n的位数长度的。为保证足够的安全性，一般认为现在的个人应用需要用384 bit或512 bit的n，企业应用需要用1024 bit的n，极其重要的场合应该用2048 bit的n。

RSA是目前最有影响力的公钥加密算法，广泛应用于经济、政府和军队等机构，它能够抵抗到目前为止已知的绝大多数密码攻击，已被ISO推荐为公钥数据加密标准。如今，只有短的RSA密钥才可能被强力的方式破解。理论上，只要其密钥的长度足够长，用RSA加密的信息实际上是不能被破解的。例如，现在最快的计算机富岳（Fugaku）的峰值速度能达到每秒44.2亿亿次，比世界第二代超级计算机Summit快了近两倍，用此计算机去攻击现在通行的1024 bit RSA，其分解时间将达到3×10^{40}亿年，相当于宇宙年龄（一百多亿年）的3×10^{38}倍。因此在现有的算法和计算速度的情况下，RSA是难以攻破的。

2.4.3 ECC算法

椭圆曲线密码学（ECC），是一种建立公开密钥加密的算法。椭圆曲线加密算法是在1985年由Neal Koblitz和Victor Miller分别独立提出的。ECC的主要优势是在某些情况下它比其他的方法（如RSA加密算法）使用更小的密钥，却能提供相当的或更高等级的安全。ECC的另一个优势是可以定义群之间的双线性映射，基于Weil对或是Tate对；双线性映射已经在密码学中发现了大量的应用，例如基于身份的加密。但是，ECC的一个缺点是加密和解密操作的实现比其他机制花费的时间长。ECC的安全性是基于椭圆曲线群上的计算离散对数安全性，例如椭圆曲线上离散对数计算问题（ECDLP）的困难性。椭圆曲线加密目前在众多的加密场景中的应用非常广泛。美国国家标准与技术研究院（NIST）制定了不同安全程度的ECC加密标准，经常被使用的有P-256、P-384、P-521，分别是256 bit、384 bit、521 bit的Weierstrass方程曲线。

ECC 加密算法的原理如下。

考虑 $K=kG$，其中 K、G 为椭圆曲线 $Ep(a,b)$ 上的点，n 为 G 的阶（$nG=O_\infty$，O_∞ 为无穷远点），k 为小于 n 的整数。则给定 k 和 G，根据加法法则，计算 K 很容易，但反过来，给定 K 和 G，求 k 就非常困难。因为实际使用中的 ECC 原则上把 p 取得相当大，n 也相当大，要把 n 个解点逐一算出来列成表是不可能的。这就是椭圆曲线加密算法的数学依据，加解密流程如图 2-12 所示。

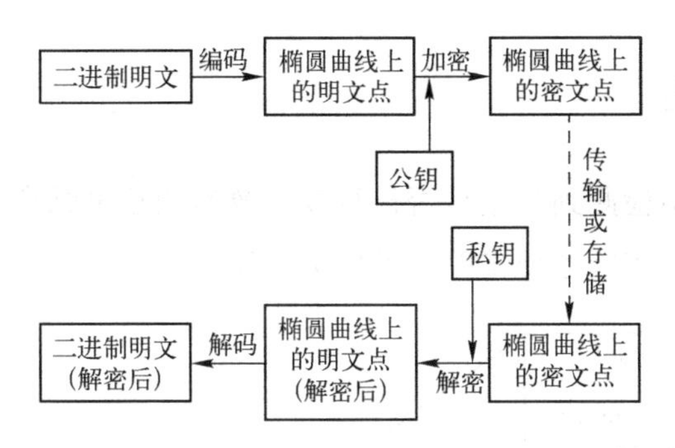

图 2-12　椭圆曲线加解密流程

现在描述一个利用椭圆曲线进行加密通信的过程。

1）用户 A 选定一条椭圆曲线 $Ep(a,b)$，并取椭圆曲线上一点，作为基点 G。

2）用户 A 选择一个私有密钥 k，并生成公开密钥 $K=kG$。

3）用户 A 将 $Ep(a,b)$ 和点 K、G 传给用户 B。

4）用户 B 接到信息后，将待传输的明文编码到 $Ep(a,b)$ 上一点 M（编码方法很多，这里不作讨论），并产生一个随机整数 r。

5）用户 B 计算点 $C_1=M+rK$，$C_2=rG$。

6）用户 B 将 C_1、C_2 传给用户 A。

7）用户 A 接到信息后，计算 C_1-kC_2，结果就是点 M。

因为 $C_1-kC_2=M+rK-k(rG)=M+rK-r(kG)=M$，再对点 M 进行解码就可以得到明文。

椭圆曲线加密（ECC）目前在加密场景中应用非常广泛。自从第一次被用来设计加密算法开始，就经常被用于构造公钥加密机制，例如密钥交换、数字签名等各式各样的加密系统。RSA 和 ElGamal 密码学体制的安全性是亚指数级的，而椭圆曲线密码学体制的安全强度是指数级的。在同等安全水平下，ECC 相比于基于 RSA 或有限域上的离散对数算法拥有更小的参数和密钥长度的优势。

2.5 散列函数

散列函数，也称为 Hash 函数、杂凑函数、哈希算法、散列算法或消息摘要算法。它通过把一个单向数学函数应用于数据，将任意长度的一块数据转换为一个定长的、不可逆转的数据。

2.5.1 散列函数概述

散列函数可以敏感地检测到数据是否被篡改。散列函数再结合其他的算法就可以用来保护数据的完整性。散列函数处理流程如图 2-13 所示。

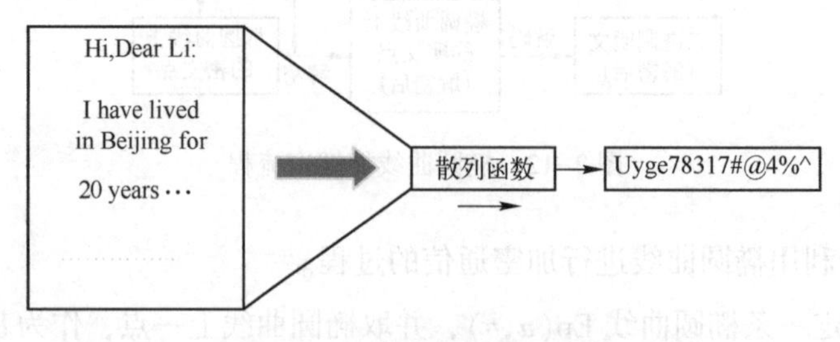

图 2-13 散列函数处理流程

散列函数的特点如下。

1）接受的输入报文数据没有长度限制。

2）对输入任何长度的报文数据能够生成该报文固定长度的摘要（数字指纹）输出。

3）从报文能方便地算出摘要。

4）极难从指定的摘要生成一个报文，而由该报文又反推算出该指定的摘要。

5）两个不同的报文极难生成相同的摘要。

曾有数家统计计算结果表明，如数字指纹 $h(m)$ 的长度为 128 位（bit）时，则任意两个分别为 M_1、M_2 的报文具有完全相同的 $h(m)$ 的概率为 1/2^128，即近于零的重复概率。而当取 $h(m)$ 的长度为 384 bit 乃至 1024 bit 时，则更是不可能重复了。

另外，如果报文 M_1 与电文 M_2 完全相同，则有 $h(m_1)$ 与 $h(m_2)$ 完全相同，如果只将 M_2 或 M_1 中的某任意一位（bit）改变了，其结果将导致 $h(m_1)$ 与 $h(m_2)$ 中有一半左右对应的位（bit）的值都不相同了。这种发散特性使电子数字签名很容易发现（验证签名）报文的关键位的值被人篡改了。

目前常用的 Hash 函数有 MD5（128 bit）和 SHA-1（160 bit）等，它们都是以 MD4 为基础设计的。Hash 算法在信息安全方面的应用主要体现在以下的 3 个方面。

（1）文件校验

比较熟悉的校验算法有奇偶校验和 CRC（循环冗余码校验），这两种校验都没有抗数据篡改的能力，它们在一定程度上能检测并纠正数据传输中的信道误码，但不能防止对数据的恶意破坏。

MD5 Hash 算法的“数字指纹”特性，使它成为目前应用最广泛的一种文件完整性校验和（Checksum）算法。

（2）数字签名

Hash 算法也是现代密码体系中的一个重要组成部分。由于非对称算法的运算速度较慢，所以在数字签名协议中，单向散列函数扮演了一个重要的角色。对 Hash 值，又称“数字摘要”进行数字签名，在统计上可以认为与对文件本身进行数字签名是等效的，而且这样的协议还有其他的优点。

（3）鉴权协议

鉴权协议又被称作“挑战——认证模式”，在传输信道是可被侦听，但不可被篡改的情况下，这是一种简单而安全的方法。

2.5.2　MD5 算法

信息-摘要算法（Message-Digest Algorithm 5，MD5），在 20 世纪 90 年代初由 MIT Laboratory for Computer Science 和 RSA Data Security Inc 的 Ronald L. Rivest 开发出来，经 MD2、MD3 和 MD4 发展而来。它的作用是让大容量信息在用数字签名软件签署私人密钥前被“压缩”成一种保密的格式（就是把一个任意长度的字节串变换成一定长的大整数）。不管是 MD2、MD4 还是 MD5，它们都需要获得一个随机长度的信息并产生一个 128 bit 的信息摘要。虽然这些算法的结构或多或少有些相似，但 MD2 的设计与 MD4 和 MD5 完全不同，这是因为 MD2 是为 8 位计算机做过设计优化的，而 MD4 和 MD5 却是面向 32 位的计算机的。这三个算法的描述和 C 语言源代码在 Internet RFCs 1321 中有详细的描述（http://www.ietf.org/rfc/rfc1321.txt），这是一份最权威的文档，由 Ronald L. Rivest 在 1992 年 8 月向 IEFT 提交。

MD5 以 512 位分组来处理输入的信息，且每一分组又被划分为 16 个 32 位子分组，经过了一系列的处理后，算法的输出由 4 个 32 位分组组成，这 4 个 32 位分组级联后将生成一个 128 位散列值。

2004年8月17日，在美国加州圣巴巴拉召开的国际密码学会议（Crypto'2004）安排了3场关于散列函数的特别报告。在国际著名密码学家Eli Biham和Antoine Joux相继做了对SHA-1的分析与给出SHA-0的一个碰撞之后，王小云教授做了破译MD5、HAVAL-128、MD4和RIPEMD算法的报告。

不久后，密码学家Lenstra利用王小云提供的MD5碰撞，伪造了符合X.509标准的数字证书，这说明MD5的破译已经不仅仅是理论破译结果，而是可以导致实际的攻击，MD5的撤出迫在眉睫。

2.6 数字签名

数字签名就是通过某种密码运算生成一系列由符号及代码组成的电子密码进行签名，以代替书写签名或印章，对于这种电子式的签名还可以进行技术验证，其验证的准确度是一般手工签名和图章的验证而无法比拟的。数字签名是目前电子商务、电子政务中应用最普遍、技术最成熟、可操作性最强的一种电子签名方法。它采用了规范化的程序和科学化的方法，用于鉴定签名人的身份以及对一项电子数据内容的认可。它还可以验证出文件的原文在传输过程中有无变动，确保传输的电子文件的完整性、真实性和不可抵赖性。

数字签名在ISO 7498-2标准中的定义为："附加在数据单元上的一些数据，或是对数据单元所做的密码变换，这种数据和变换允许数据单元的接收者用以确认数据单元来源和数据单元的完整性，并保护数据，防止被人（如接收者）进行伪造"。美国电子签名标准（DSS，FIPS186-2）对数字签名做了如下解释："利用一套规则和一个参数对数据计算所得的结果，用此结果能够确认签名者的身份和数据的完整性"。在数字签名中，最常用到的是采用公钥技术进行数字签名。

信息发送者使用公开密钥算法的主要技术产生别人无法伪造的一段数字串。发送者用自己的私钥加密数据后传给接收者，接收者用发送者的公钥解开数据后，就可以确定消息来自于谁，同时也是对发送者发送信息的真实性的一个证明，发送者对所发信息不能抵赖。

简单数字签名的原理如图2-14所示，带加密的数字签名的原理如图2-15所示。

在实际应用中，数字签名的过程通常这样实现：将要传送的明文通过一种函数运算（Hash）转换成报文摘要（不同的明文对应不同的报文摘要），报文摘要用私钥加密后与明文一起传送给接收方，接收方用发送方的公钥来解密报文摘要，再将收到的明文产生新的报文摘要与发送方的报文摘要比较，比较结果一致表示明文确实来自期望的发送方，并且未被改动；如果不一致表示明文已被篡改或不是来自期望的发送方。数字签名的过程如图 2-16 所示。

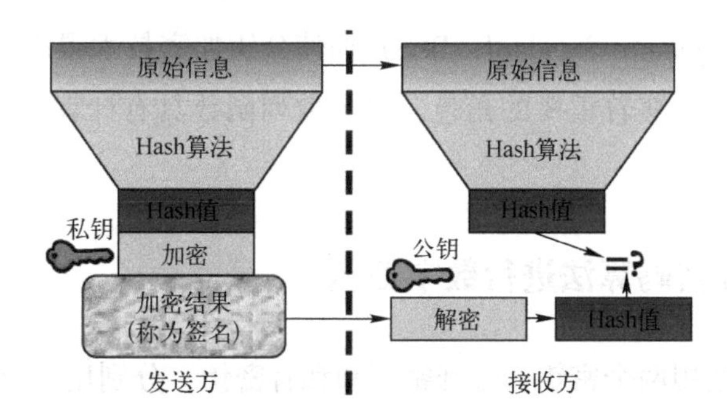

图 2-14　简单数字签名的原理

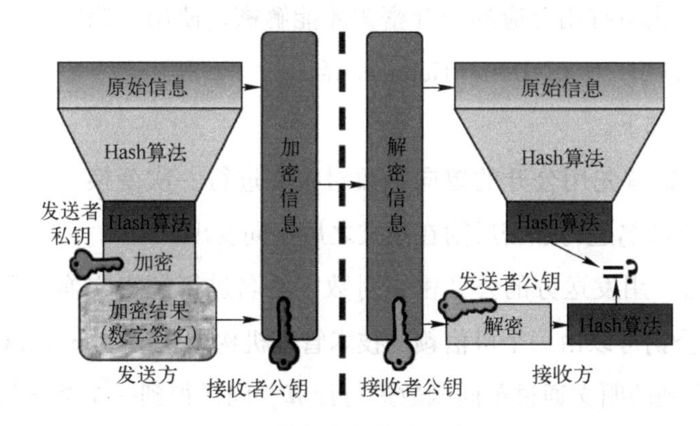

图 2-15　带加密的数字签名的原理

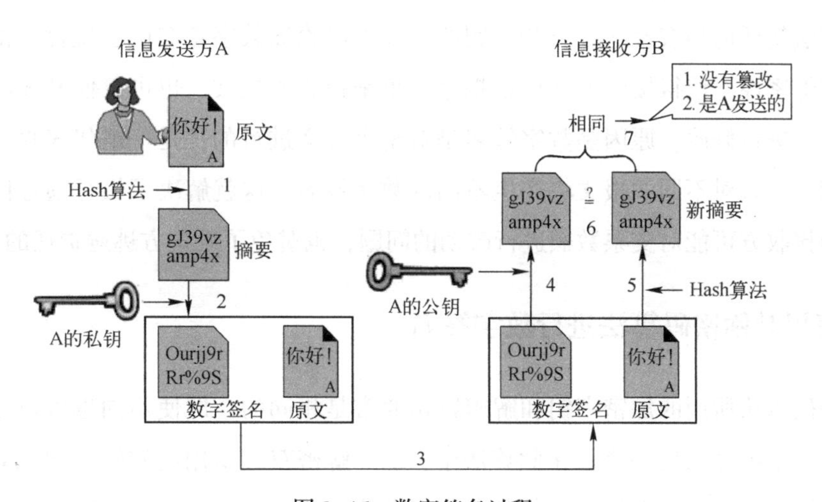

图 2-16　数字签名过程

实现数字签名有很多方法，目前数字签名采用较多的是公钥加密技术，如基于 RSA Data Security 公司的 PKCS（Public Key Cryptography Standards）、DSA（Digital Signature Algorithm）、X. 509、PGP（Pretty Good Privacy）。1994 年美国国家标准与技术研究院公布了数字签名标准（Digital Signature Standard，DSS）而使公钥加密技术得以广泛应用。Hash 算法在数字签名的过程中也扮演着重要的角色，单向散列函数具有计算的不可逆性，有效保证了签名算法的安全性。

2. 6. 1 使用非对称密码算法进行数字签名

非对称密码算法使用两个密钥：公开密钥和私有密钥，分别用于对数据的加密和解密。即如果用公开密钥对数据进行加密，只有用对应的私有密钥才能进行解密；如果用私有密钥对数据进行加密，则只有用对应的公开密钥才能解密。使用公钥密码算法进行数字签名通用的加密标准有 RSA、DSA、Diffie-Hellman 等。

签名和验证过程如下。

1）发送方（甲）首先用公开的单向函数对报文进行一次变换，得到数字签名，然后利用私有密钥对数字签名进行加密后附在报文之后一同发出。

2）接收方（乙）用发送方的公开密钥对数字签名进行解密交换，得到一个数字签名的明文。发送方的公钥可以由一个可信赖的技术管理机构即认证中心（CA）发布。

3）接收方将得到的明文通过单向函数进行计算，同样得到一个数字签名，再将两个数字签名进行对比，如果相同，则证明签名有效，否则无效。

这种方法使任何拥有发送方公开密钥的人都可以验证数字签名的正确性。由于发送方私有密钥的保密性，使得接收方既可以根据结果来拒收该报文，也可以使其无法伪造报文签名及对报文进行修改，原因是数字签名是对整个报文进行的，是一组代表报文特征的定长代码，同一个人对不同的报文将产生不同的数字签名。这就解决了银行通过网络传送一张支票，而接收方可能对支票数额进行改动的问题，也避免了发送方逃避责任的可能性。

2. 6. 2 使用对称密码算法进行数字签名

对称密码算法所用的加密密钥和解密密钥通常是相同的，即使不同也可以很容易地由其中的任意一个推导出另一个。在此算法中，加、解密双方所用的密钥都要保守秘密。加密算法被广泛应用于大量数据如文件的加密过程中，如 RD4 和 DES，用 IDEA 作数字签名是不提倡的。使用分组密码算法数字签名通用的加密标准有 DES、3DES、RC2、RC4、CAST 等。

签名和验证过程如下。

Lamport 发明了称为 Lamport-Diffle 的对称算法：利用一组长度是报文的比特数（n）两倍的密钥 A 来产生对签名的验证信息，即随机选择 $2n$ 个数 B，由签名密钥对这 $2n$ 个数 B 进行一次加密交换，得到另一组 $2n$ 个数 C。

发送方从报文分组 M 的第一位开始，依次检查 M 的第 i 位，若为 0 时，取密钥 A 的第 i 位，若为 1 则取密钥 A 的第 $i+1$ 位；直至报文全部检查完毕。所选取的 n 个密钥位形成了最后的签名。

接收方对签名进行验证时，也是首先从第一位开始依次检查报文 M，如果 M 的第 i 位为 0，它就认为签名中的第 i 组信息是密钥 A 的第 i 位，若为 1 则为密钥 A 的第 $i+1$ 位；直至报文全部验证完毕后，就得到了 n 个密钥，由于接收方具有发送方的验证信息 C，所以可以利用得到的 n 个密钥检验验证信息，从而确认报文是否是由发送方所发送。

由于这种方法是逐位进行签名的，只要有一位被改动过，接收方就得不到正确的数字签名，因此其安全性较好。其缺点是签名太长（对报文先进行压缩再签名，可以减少签名的长度）；签名密钥及相应的验证信息不能重复使用，否则极不安全。

2.6.3　数字签名的算法及数字签名的保密性

数字签名的算法很多，应用最为广泛的 3 种是 Hash 签名、DSS 签名和 RSA 签名。

1. Hash 签名

Hash 签名不属于强计算密集型算法，应用较广泛。很多少量现金付款系统，如 DEC 的 Millicent 和 CyberCash 的 CyberCoin 等都使用 Hash 签名。Hash 签名使用较快的算法，可以降低服务器资源的消耗，减轻中央服务器的负荷。Hash 签名的主要局限是接收方必须持有用户密钥的副本以检验签名，因为双方都知道生成签名的密钥，较容易攻破，存在伪造签名的可能。如果中央或用户计算机中有一个被攻破，那么其安全性就受到了威胁。

2. DSS 和 RSA 签名

DSS 和 RSA 采用公钥算法，不存在 Hash 的局限性。RSA 是最流行的一种加密标准，许多产品的内核中都有 RSA 的软件和类库，早在 Web 飞速发展之前，RSA 数据安全公司就负责数字签名软件与 Macintosh 操作系统的集成，在 Apple 的协作软件 PowerTalk 上还增加了签名拖放功能，用户只要把需要加密的数据拖到相应的图标上，就完成了电子形式的数字签名。RSA 与 Microsoft、IBM 和 Digital 都签订了许可协议，在其生产线上加入了类似的签名特性。与 DSS 不同，RSA 既可以用来加密数据，也可以用于身份认证。和 Hash 签名相比，在公钥系统中，生成签名的密钥只存储于用户的计算机中，安全系数高一些。

数字签名的保密性很大程度上依赖于公开密钥。数字认证是基于安全标准、协议和密码技术的电子证书，用以确立一个人或服务器的身份，它把一对用于信息加密和签名的电子密钥捆绑在一起，保证了这对密钥真正属于指定的个人和机构。数字认证由验证机构CA进行电子化发布或撤销公钥验证，信息接收方可以从CA Web站点上下载发送方的验证信息。Verisign是第一家X.509公开密钥的商业化发布机构，在它的Digital ID下可以生成、管理应用于其他厂商的数字签名的公开密钥验证。

2.7 密码的信息安全性

在介绍现代的密码和信息安全技术之前，有必要澄清一个观念：密码技术里所提到的信息安全性通常不是绝对的，它是一个相对的范畴。

2.7.1 没有绝对的安全

一位密码学家曾经这样评论：如果想让信息绝对安全，得把要保密的信息写下来装在保险柜里，把保险柜焊死，到太平洋海底某个不为人知的角落挖坑深埋，这样也许会接近绝对的安全。可是这样的安全是没有用的，因为这并不能让需要信息的人得到它。所以，这种“安全”是没有实际用处的。实际上，这不能叫作“信息安全”，把它叫作“信息隐藏”也许更为合适。

本书所讨论的信息安全，是有使用价值的信息安全。这种安全是相对的安全。不过“相对安全”并不意味着不安全。日常生活中用的锁其实也是相对的安全，事实上，密码算法的安全强度要比平常的锁的安全强度高出很多倍。

2.7.2 相对的安全

在数学家香农创立的信息论中，用严格的数学方法证明了一个结论：一切密码算法，除了一次一密以外，在理论上都是可以破解的。这些密码算法，包括现在的和过去的，已知的和未知的，不管它多么复杂、多么先进，只要有足够强大的计算机和足够多的密文，一定可以破译。

那么就产生了这样一个问题：既然这样，那密码还有什么用？这就是为什么要讨论相对安全的原因。

前面提到了一切密码理论上都是可以被破译的。但是，只有在拥有足够强大的计算机的情况下才有可能破译。在实际上，也许并不存在这么强的计算机。如果破译一个算法需要现在最强的计算机运算几百年，那么这样的算法即使理论上可以破译，在实践中也还是有实用价值的。

因此，可以这样理解相对安全的观念：假如一条信息需要保密10年，如果要花20年的时间才能破解它，那么信息就是安全的，否则就不安全。

在现实中，能获得的计算能力在一定程度上与付出的经济代价成比例。因此，也可以从经济的角度来衡量安全程度。假如一条信息价值一百万元，如果需要花1000万元的代价才能制造出足够强的计算机来破解它，那它就是安全的；但是，如果信息价值1000万，用100万元就能获得足够的计算能力来破解它，那么它就是不安全的。

2.8 密码学新方向

随着我国科技水平的不断提高，密码学的研究也是百家争鸣，有许多新的研究方向逐渐成为研究的热点。

1. 密码专用芯片集成

密码技术是信息安全的核心技术，它无处不在，目前已经渗透到大部分安全产品之中，正向芯片化方向发展。在芯片设计制造方面，目前微电子水平已经发展到0.1 μm工艺以下，芯片设计的水平很高。

我国在密码专用芯片领域的研究起步比国外稍晚，但是近年来我国集成电路产业技术的创新和自我开发能力得到了提高，微电子工业得到了发展，从而推动了密码专用芯片的发展。加快密码专用芯片的研制将会推动我国信息安全系统的完善。

2. 量子密码技术

量子技术在密码学上的应用分为两类：一是利用量子计算机对传统密码体制的分析；二是利用单光子的测不准原理在光纤级实现密钥管理和信息加密，即量子密码学。量子计算机是一种传统意义上的超大规模并行计算系统，利用量子计算机可以在几秒内分解RSA129的公钥。

3. DNA密码技术

近年来，人们在研究生物遗传的同时，也发现DNA可以用于遗传学以外的其他领域，如信息科学领域。1994年，Adleman等科学家进行了世界上首次DNA计算，解决了一个7节点有向汉密尔顿回路问题。此后，有关DNA计算的研究不断深入，获得的计算能力也不断增强。2002年，Adleman用DNA计算机解决了一个有20个变量、24个子句、100万种可能的3-STA问题，这是一个NP完全问题。研究DNA计算的科学家发现，DNA具有超大规模并行性、超高容量的存储密度以及超低的能量消耗，非常适用于信息领域。利用DNA，人们有可能生产出新型的超级计算机，它们具有前所未有的超大规模并行计算能力，其并行性远超过现有的电子计算机。这将会给人们带来惊人的计算能力，引发一场新的信息革命。DNA计算的先驱Adleman这样评价DNA计算，“几千年来，人们一直使用各种设备提高自己的计算能力。但是只有在电子计算机出现以后，人们的计算能力才有了质的飞跃。现在，分子设备的使用使得人类的计算能力能够获得第二次飞跃”。

在现在的密码系统中，密钥是随机独立选取的，而超大规模并行计算机非常适用于对密钥穷举搜索。Dan Boneh等人用DNA计算机破译了DES，并且声称任何小于64位的密钥都可以用这种方法破译。Salomaa A也宣称现有的很多数学困难问题可以通过DNA计算机进行穷举搜索得到结果，而其中很多困难问题都是现代密码系统的安全依据。人们不禁要问，密码学的大厦将会因为DNA计算的出现而倾覆吗？随着DNA计算的发展，有科学家开始把DNA用于密码学领域。John Reif等人提出了用DNA实现一次一密的密码系统，Celland等人提出了用DNA来隐藏消息。

2.9 思考题

1. 密码学的发展可以分为哪几个阶段？
2. 密码学可以分为哪几类，各有什么特点？
3. 古典密码学包括哪些内容？它们的特点是什么？
4. 对称加密算法的特点是什么？
5. 简述DES加密算法的加密过程。
6. 非对称加密算法的特点是什么？
7. 简述RSA算法的加密过程。
8. 什么是散列函数？它的作用是什么？
9. 简述MD5算法的原理。
10. 信息安全中为什么要引入数字签名？
11. 如何利用非对称加密算法进行数字签名？
12. 如何利用对称加密算法进行数字签名？

第3章 区块链中的共识算法

本章主要是对区块链的核心算法即共识算法进行较为详细的介绍，使读者更深入地了解分布式系统达成一致性的过程。共识算法可以被定义为一个通过区块链网络达成共识的机制，通过一定的资源消耗、规则设定等方式，维持分布式系统的完整性和安全性。

3.1 传统分布式一致性算法

传统分布式一致性算法只假设所有节点发生宕机、网络故障等非人为问题时，系统达到全网一致性的问题。同样，传统分布式一致性算法具有少数服从多数、时间序列化、主链为主等特点。

3.1.1 分布式系统一致性的分类

在分布式系统中，一致性就是研究对于同一个数据的多个副本之间，如何保持其对外表现的数据一致性的问题。根据一致性的强弱不同，可以分为严格一致性、顺序一致性、强一致性和弱一致性等。

（1）严格一致性

满足严格一致性的分布式系统等价于一台计算机。对于这个系统中任意数据项 x 的任何读操作，将返回最近一次对 x 进行的写操作的结果所对应的值。对于所有的进程来说，所有的写操作都是瞬间可见的，系统维持着一个绝对的全局时间顺序。如果一个数据项被改变了，那么无论该数据项改变之后多久执行读操作，无论哪些进程执行读操作，无论这些进程的位置如何，所有在该数据项上执行的后续读操作都将得到新数值。另外，严格一致性要求分布式系统不发生任何故障，并且所有节点之间的通信无需任何时间都能达到。

因此这样的分布式系统在现实中是不存在的。

（2）顺序一致性

顺序一致性是一种优于弱一致性，但又不太满足强一致性的过渡状态。Leslie Lamport在1979年提出了顺序一致性，其关键在于找到一个满足现实情况的全局执行顺序，同时又能符合每个单独进程内部的操作顺序。因此，对系统提出了两条访问共享对象时的约束。

1）从单个处理器（线程或者进程）的角度上看，其指令的执行顺序以编程中的顺序为准。

2）从所有处理器（线程或者进程）的角度上看，指令的执行保持一个单一的顺序。

其中，第一条约束保证了单个处理器（线程或者进程）的所有指令是按照程序中的顺序来执行的；而第二条约束保证了所有的内存操作都是原子的或者是实时的。

（3）强一致性

当一个数据副本的更新操作完成之后，任何多个后续节点对这个数据的任意副本的访问都会返回最新的更新过的值，只要上次的操作没有处理完，用户就不能读取数据。为解决此类问题，Maurice P. Herlihy与Jeannette M. Wing在1990年共同提出了线性一致性，这是一种强一致性。线性一致性假设操作具有一个全局有效时钟的时间戳，但是这个时钟仅具有有限的精确度，要求时间戳在前的进程先执行。线性一致性在顺序一致性的前提下加强了进程间的操作排序，形成了唯一的全局顺序。虽然线性化是根据一系列同步时钟确定序列顺序的，但是很难实现，基本上要么依赖于全局的时钟或锁，要么性能比较差。

（4）弱一致性

弱一致性是指系统并不保证后续进程或线程的访问都会返回最新的更新的值。系统在数据成功吸入之后，不承诺可以立即读到最新写入的值，也不会具体承诺多久读到。但是，会尽可能保证在某个时间级别（秒级）之后，可以让数据达到一致性状态。

弱一致性存在一种特例情况，即最终一致性。当某个进程更新了副本的数据后，如果没有其他进程更新这个副本的数据，系统最终一定能够保证后续进程能够读取到A进程写入的最新值。但是这个操作存在一个不一致性的窗口，也就是A进程写入数据，到其他进程读取A写进去的值所用的时间。在最终一致性的要求下，如果没有故障发生，不一致性的窗口的时间主要受通信延迟、系统负载和复制副本的个数的影响。达到最终一致状态的系统被称为收敛系统，或者是达到副本收敛。最终一致性提供了一个弱保证：在系统达到收敛之前，可能会返回任意值。

3.1.2　分布式系统共识

分布式系统中的另外一个比较重要的就是共识问题。分布式共识问题就是研究在一个或多个进程提议了一个值应当是什么后，采用一种大家都认可的方法，使得系统中所有进程对这个值达成一致意见。

（1）分布式共识问题定义

分布式共识问题的定义如图 3-1 所示。首先，每个进程都提出自己的提议，并广播到网络中进行验证；然后，通过共识算法，所有正确运行的进程决定相同的值。即达成全网的共识。

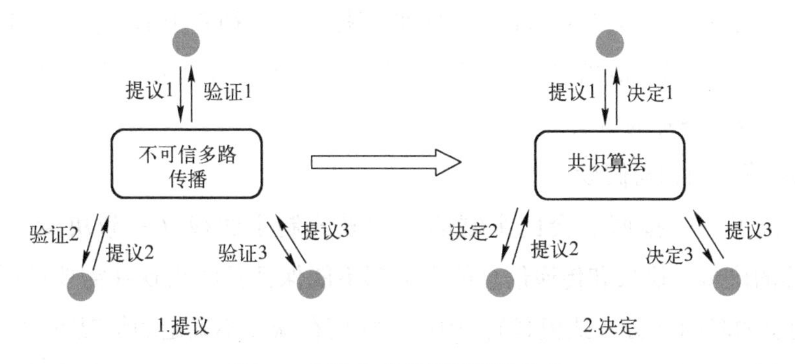

图 3-1　分布式共识问题的定义

共识算法的正确性要求在运行中满足以下条件。

1）协定性：所有正确进程决定相同的值。

2）终止性：所有正确进程最后都能完成决定。

3）完备性：如果正确的进程都提议同一个值，那么所有正确进程最终决定该值。

共识算法执行前，所有进程需要定义自己的初始值。如果只有一个进程拥有初始值，那么这个进程被称为源进程，这就是一个拜占庭共识问题。

（2）分布式系统共识达成

对于分布式系统来讲，各个节点通常是确定性的状态机模型（又称为状态机复制问题），只要保证从相同初始状态开始接收相同顺序的指令，则可以保证相同的结果状态。因此，系统中多个节点最关键的问题是对多个事件的顺序进行共识，即排序。

根据解决的是非拜占庭的普通共识问题还是拜占庭共识问题（是否允许系统内节点作恶，以及对完备性的不同要求），共识算法可以分为 Crash Fault Tolerance（CFT）类算法和 Byzantine Fault Tolerance（BFT）类算法。针对常见的非拜占庭问题的情况，已经存在一些经典的解决算法，包括 Paxos、Raft 及其变种等。这类容错算法往往性能比较好，处理较快，容忍不超过一半的故障节点。对于要能容忍拜占庭问题的情况，一般包括 PBFT（Practical Byzantine Fault Tolerance）为代表的确定性系列算法、PoW 为代表的概率算法等。对于确定性算法，一旦达成对某个结果的共识就不可逆转，即共识是最终结果；而对于概率算法，共识结果则是临时的，随着时间推移或某种强化，共识结果被推翻的概率越来越小，成为事实上的最终结果。拜占庭类容错算法往往性能较差，只能容忍不超过 1/3 的故障节点。

3.1.3 状态复制协议——Paxos

莱斯利·兰伯特（Leslie Lamport）于 1990 年提出了一种基于消息传递且具有高度容错特性的共识算法，称为 Paxos 算法。该算法旨在解决分布式系统如何就某个值（决策）达成一致的问题，故又被称为状态复制协议。

（1）Paxos 算法问题与假设

兰伯特虚拟了一个按照议会民主制的政治模式制定法律（一致决策）的希腊城邦 Paxos，但里面的议员、议长和传递信息的人员都不能保证及时出现在需要的时候、批准决策或者传递消息的时间（分布式模式）。因此，如何在众多不确定的情况下达成最终的法律制定就是 Paxos 算法要解决的主要问题。在分布式系统中，共享内容和消息传递是两种通用的节点通信模型，但在基于消息传递通信模型的分布式系统中，经常出现由于进程变慢、被杀死或者重启导致的消息延迟、丢失、重复等问题。Paxos 算法的出现就是为了保证分布式系统在发生无论上述哪种异常问题的情况下都能就某个值达成一致，不会破坏整个系统的决策共识。

Paxos 算法在应用过程中，需要假设不会出现恶意节点篡改消息的拜占庭错误的情况。例如在一个分布式数据库系统的应用中，如果每个节点都是诚实节点，且各节点的初始状态一致并执行相同的操作序列，那么所有节点最终会达到一个一致的状态。在这里，Paxos 算法会应用于系统中的每一条指令，以保证每个节点看到一样的系统指令，进而使得每个节点都能执行相同的命令序列。在 Paxos 城邦法律的制定中假设不会出现错误的信息，即使出现一则消息被传递两次的情况，但只要等待的时间足够，消息最终会被传到并达成一致的决策。

（2）Paxos 算法内容

Paxos 算法在执行过程中共有三种不同的参与者，分别为提议者（Proposer）、决策者（Acceptor）和最终决策学习者（Learner），它们分别具有不同的功能。

1）提议者：提出提案（Proposal）。其中，提案包含提案编号（Proposal ID）和提案值（Value）。

2）决策者：参与决策，回应提议者的提案。当多数决策者都选择接受一个提案时，则该提案被批准。

3）决策学习者（Learner）：学习达成一致的提案。从提议者和决策者处学习最新达成的一致的提案。

Paxos 算法执行一次只能批准一个提案。当同时有多个提议者发起提案时，只有在系统中的多数派同时都认可一个提案的情况下，该提案才算通过系统的所有进程并最终达成一致。另外，Paxos 算法在允许宕机故障的异步系统中运行时，可以容忍消息丢失、延迟、乱序和重复发送等意外情况的发生。并且，Paxos 算法可以允许 $2n+1$ 个节点的系统最多有 n 个节点同时出现故障，它利用大多数机制可以为分布式系统提供 $2n+1$ 的容错能力。

决策的提出和批准需要以下几个步骤，Paxos 算法流程如图 3-2 所示。

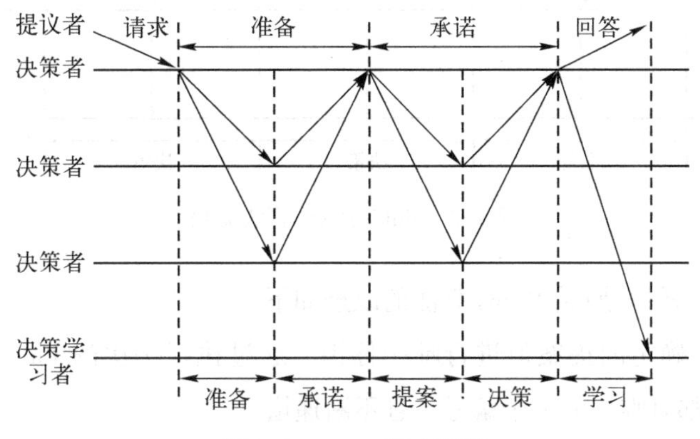

图 3-2　Paxos 算法流程

1）准备（Prepare）：提议者选择一个提议编号 n，并向所有决策者发送准备的请求。

2）承诺（Promise）：决策者收到准备请求消息后，检查提议编号 n 是否大于已经回复的所有准备请求消息，若大于则将自己接受的提案中编号最大的提案值返回给提议者。否则，返回空值。

3）提案（Propose）：提议者在收到多数决策者的承诺应答后，从应答消息中选择提案编号最大的提案值，作为自己本次要发起的提案。如果所有应答均为空，则可以自主决定提案值，并利用当前提案编号向决策者发起提案。

4）批准（Accept）：决策者收到提案请求后，在不违背自己之前做出的承诺的前提下，批准该提案。

5）决策学习（Learn）：提议者收到多数决策者对自己提案的批准决定后，则表示该提案通过并形成决策。然后，将该决策发送给所有决策学习者。

（3）Multi-Paxos 算法流程

原始的 Paxos 算法执行一次只能形成一个决策，且至少需要两次来回的通信，因此对于大通量、高并发的分布式网络需求来说是非常不实用的。Multi-Paxos 算法的提出，有效地改善了原始的 Paxos 算法效率低下的问题，它可以连续确定多个提案值，提高决策形成的效率。Multi-Paxos 算法决策的提出和批准过程如图 3-3 所示。

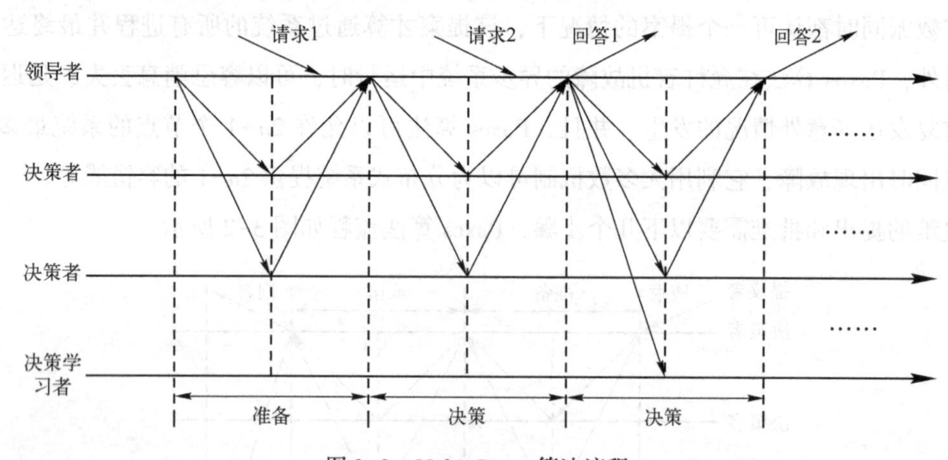

图 3-3　Multi-Paxos 算法流程

Multi-Paxos 算法针对原始 Paxos 算法的改进如下。

1）对每一个要确定的提案值进行唯一标识。通过执行一次的 Paxos 算法形成一个决策，每轮执行过程都有唯一的一个编号，且不断递增。

2）在所有提议者中选取一个领导者（Leader）。通过 Paxos 算法的一次决策从提议者中选出一个领导者，该领导者唯一负责提交提案给决策者。

Multi-Paxos 算法选出了一个提议领导者可以消除提议者之间的竞争，并由领导者唯一负责和决策者的通信，只需要执行一次准备的过程，大大降低了提议者与决策者通信的过程的复杂程度。同时，为了区分不同提案的执行过程，加入了唯一的标识，可以避免同时进行多个提案时出现混乱的情况。另外，如果在当前领导者宕机之后，系统服务暂时不可用，直到重新由 Paxos 算法选出新的领导者，才能继续服务。如果系统中仅有一个领导者进行提案，那么可以省略准备阶段，直接向决策者提交提案。

3.2　典型的区块链共识机制

区块链共识机制不同于传统共识机制，它考虑了系统存在恶意节点等人为因素下的拜占庭容错问题。同时，区块链共识机制区别于传统分布式一致性算法，不是面向数据库和文件，而是面向交易和价值传输等作用。

3.2.1　共识评价模型

在基于区块链的分布式系统中，共识机制扮演着很重要的角色。通过共识机制可以使得利益不相干的若干节点对一笔交易达成共识，在短时间内完成交易的验证和确认，并建立全网统一的账本。因此，共识机制必须满足两个重要的性质。

1）一致性。所有诚实节点保存的区块链前缀部分完全相同。

2）有效性。由某诚实节点发布的信息终将被其他所有诚实节点记录在自己的区块链中。

针对不同的分布式应用环境，产生了诸多拥有不同功能的共识机制，在满足一致性和有效性的同时，它们也会对系统整体性能产生不同的影响。共识机制的水平直接影响到分布式系统和应用的安全性与可靠性。因此，综合考虑各个共识机制的特点，主要从以下4个方面来评价它们的优缺点。

（1）安全性

共识机制在执行全网共识的同时，也起着保护用户隐私与系统数据安全的作用。其中，自私挖矿通过采用恶意的策略发布自己产生的区块，非法获取更高的收益。同时，日蚀攻击（Eclipse Attack）和女巫攻击（Sybil Attack）也是常见的攻击手段，它们分别能通过控制目标对象的网络通信和产生大量无意义的节点来影响系统安全性，这些攻击行为都严重威胁着比特币系统的安全性和公平性。另外，在基于区块链的分布式加密货币应用中，如何防止和检测二次支付行为至关重要。

（2）扩展性

分布式系统的扩展性主要是指系统节点和交易的数量的最大限额问题。系统中的节点越多，交易量越大，随之系统负载就越大，对网络通信量的要求也就越高。可扩展性是区块链设计要考虑的关键因素，也是检验共识机制水平的重要指标。

（3）性能效率

在保证安全性的同时，系统处理交易的效率是检验分布式系统优劣的关键所在。比特币系统中每秒最多处理7笔交易，这距离目前银行、电商和物联网等应用中的大批量交易处理的要求相差甚远。如何快速降低从交易产生到最终确认的时间延迟、提高系统每秒可处理确认的交易数量是提高系统性能的关键所在。

（4）资源消耗

比特币的工作量证明依靠挖矿机器的数学运算来进行，属于严重资源消耗型的共识机制。其他的共识机制也需要借助计算资源和网络通信资源等达成共识。如何降低共识过程中的资源消耗，也是共识机制设计的目标之一，同时也是分布式系统追求的目标。

3.2.2 主流区块链共识机制

近年来，随着区块链技术的不断发展，主流的共识机制主要分为 4 大类：工作量证明机制、股权证明机制、授权股权证明机制和实用拜占庭协议。

1. 工作量证明机制

工作量证明机制（Proof of Work，PoW）是一种利用挖矿机器进行数学运算来获取记账权的共识算法。简单理解就是一份证明，用来确认用户做过一定量的工作。第一个应用 PoW 的是比特币系统，系统中的各个节点共同参与运算，并对网络中的交易进行验证。最先计算出工作量证明目标的节点获得本轮的记账权，可以获得一定的比特币奖励。平均每 10 min 形成一个新的区块，一笔交易需要在 6 个区块（约 1 h）后被认为是明确确认且不可逆的。因此，链越长，记录被篡改的计算性难度就越大，信息也就越安全。

整个工作量证明过程如图 3-4 所示。

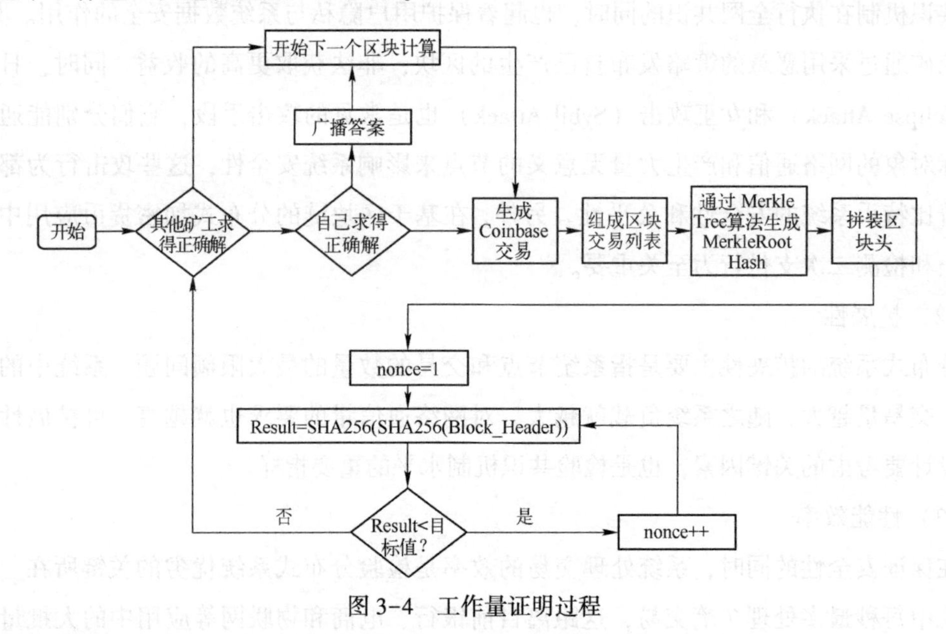

图 3-4 工作量证明过程

工作量证明机制主要依赖的技术原理是散列（哈希）函数。散列函数由任意 n 值计算 $h(n)$ 的值，但由 $h(n)$ 的值倒推 n 的值是非常困难的。因此，在区块链系统中，会定义难度值，即计算符合要求的 $h(n)$ 的值，挖矿节点通过大量的穷举运算，寻找该值的过程就是工作量证明。同时，难度值是随网络变动的，设定方式如图 3-5 所示，系统会适时调整难度值，使得新区块形成的间隔保持在 10 min 左右。

```
1  目标值 = 最大目标值 / 难度值
2
3  （最大目标值恒定：0x00000000FFFFFFFFFFFFFFFFFFFFFFFFFFFFFFFFFFFFFFFFFFFFFFFFFFFFFFFF）
4
5  新难度值 = 旧难度值 * ( 过去2016个区块花费时长 / 20160 分钟 )
```

图 3-5　PoW 难度值设定

实际挖矿的基本步骤如下。

1）生成 Coinbase 交易，并与其他所有准备打包进区块的交易组成交易列表，并生成默克尔哈希。

2）把默克尔哈希及其他相关字段拼装成区块头，将区块头（Block Header）作为工作量证明的输入，区块头中包含了前一区块的哈希，区块头一共有 80Byte 的数据。

3）不停地变更区块头中的随机数，即 nonce 的数值，也就是暴力搜索，并对每次变更后的区块头做双重 SHA256 运算，即 SHA256(SHA256(Block_Header))，将结果值与当前网络的目标值做对比，如果小于目标值，则解题成功，工作量证明完成。

工作量证明机制主要依靠计算机进行数学运算，参与计算的节点越多、挖矿难度越大，消耗的资源就越多。公共账本要进行全网共识，共同参与计算和验证，即导致可监管性弱。另外，拥有算力越大的节点获得记账权的可能性越大，但在容错性方面最多允许全网 50% 的节点出错。

2. 股权证明机制

股权证明机制（Proof of Stake，PoS）顾名思义就是用户股权的高低决定了获取记账权的概率。PoS 包含两种机制，一种是基于链的 PoS，另一种是基于 BFT 的 PoS。PoS 系统需要用户预先持有一定数量的加密货币，拥有的加密货币越多，所占有的“股权”就越大。为了防止拥有更多加密货币的用户优势越发强大带来中心化的趋势，大多数基于 PoS 的分布式系统会选择“随机区块选择”和“基于币龄的选举”等方法来产生新的区块。一般情况下，基于股权证明机制的分布式系统中，从货币启动时即创建完成了一定数量单位的加密货币。

由于股权证明机制的系统没有提供在项目创立初期处理加密货币的初始分配方法，因此使用这类股权证明机制的系统要么是从ICO开始出售预先产生的加密货币，要么从PoW工作量证明开始，然后切换到股权证明。因此，造币者并不是使用新产生的加密货币作为奖励，而是将交易费用作为奖励，在少数情况下，可以通过增加货币供应量来创建新的货币单位，并且造币者可以获得创建的新货币单位奖励，而不是交易费。

在PoS系统中验证交易和创建区块时，造币者必须先将自己的加密货币放在指定的“矿池”中，作为自己的股份值。这些临时的“矿池”用来托管造币者的加密货币，若出现欺诈性交易，即剥夺他们对这些加密货币的持有权。

（1）块选择方法

为了使股权证明方法有效运行，需要有一种方法来选择哪个用户造出区块链中下一个有效区块。如果仅仅根据加密货币的余额大小来选择区块生产者，那么投入更多加密货币的富有者会有巨大的优势，而这却是一种中心化的体现。

（2）随机区块选择

随机区块选择方法是使用具有最低散列值和股权大小的组合查找用户的公式来选择下一个区块的生产者（造币者）。由于股权的大小是公开的，因此每个节点通常能够预测将选择哪个用户来生产下一个区块。在加密货币的应用中，点点币（Peercoin）使用一种混合共识模式，通过用户的股权来调整挖矿难度；未来币（NXT）则使用一个确定性算法随机选择一位股东来产生下一个区块，该算法跟用户的股权的大小息息相关。另外，还有较多的PoS项目应用，如Tezos、Cosmos、Polkadot、Algorand等。

（3）基于币龄选择

基于币龄选择的系统，会根据潜在的区块生产者所抵押股权的时长来选择下一个区块的生产者。币龄的计算方法是用加密货币在托管账户（矿池）中保留的天数乘以所置放的数量。加密货币必须至少保留30 d才能竞争一个区块，投入旧的和更大额的加密货币的用户，更有可能被分配为下一个区块的生产者。一旦用户产生了一个区块，那么他的币龄将会重置为零，然后必须等待至少30 d才能生产下一个区块，用户最长会在90 d的时间内分配为下一个区块的生产者，这可以有效地防止具有非常大股份的用户支配区块链，从而使区块链网络更安全。因为区块生产者成功产出区块的概率会随着时间的增大越来越高，这种机制促进了健康、去中心化的社区。

大多数股权证明类型项目都以交易费形式支付奖励，设定用户可以通过存放加密货币获得的目标利率。由于电力和硬件成本远低于与工作证明系统中的采矿相关的成本，因此股权制度的证明更加环保和有效。鼓励更多的人运行节点并参与其中，因为参与这个系统很容易且负担得起，并且会让更多的权力下放。

3. 授权股权证明机制

授权股权证明机制（Delegated Proof of Stake，DPoS）中的每个股东可以将其投票权授予一名代表，获票数最多的部分代表获得记账权，按既定时间表轮流产生区块。一般情况下，用户可以选择一个或者多个代表，并将其分级。一经设定，用户不再创建以投票为目的的交易，因为那将耗费他们一笔交易费。但在紧急情况下，用户会支付一笔交易费通过新的代表投票使得系统恢复正常情况。区块建立成功后，所有代表将收到等同于一个平均水平的区块所含交易费的10%作为报酬。如果一个平均水平的区块含有100股作为交易费，那么一名代表将获得10股作为报酬。

DPoS共识算法包含以下几个过程和功能。

（1）通过选举出证人来生成区块

股东可以选择任意数量的证人来生成区块，每个区块是一组更新数据库状态的交易的集合。每个账户的每个股份允许给每个证人投一票，这个过程被称作赞成投票，选出赞成票数排名前 N 的证人，证人的数量（N）是通过至少有50%投票的股东认为该数量足够去中心化来确定的。当股东表达他们希望的证人数量时，他们也必须给至少同等数量的证人投票。股东不能投票支持比他们实际投票的证人更多的去中心化，每当证人生产一个区块时，他们都会获取相应的服务费。

每经过一个维护间隔时间（1 d），选票就会被统计一次，届时活跃证人的名单也会更新一次。然后将证人名单洗牌，并且每个证人会轮流地在固定的预先计划好的2 s内生产一个区块。当所有证人轮完之后，他们又将被洗牌。如果某个证人没有在他自己的时间段内生产一个区块，那么该时间段将被跳过，下一个证人继续生产下一个区块。

（2）通过选出的代表来修改参数

代表也是通过类似选举证人的方式选举出来的。创始账户有权对网络参数提出修改，而代表就是该特殊账户的共同签署者。这些参数包括交易费用、区块大小、证人工资和区块间隔等。在大多数代表批准了提议的变更后，股东有两周的复审期，在此期间，他们可以投票踢出代表并作废被提议的变更。

选择这种设计是为了确保代表在技术上没有直接的权力，并且对网络参数的所有变更最终都必须得到股东的批准，保护代表免受那些可能只适用于加密货币的管理人员的监管。在DPoS共识机制下，可以确切地说，行政权力掌握在用户手中，而不是代表或证人的手中。与证人不同，代表没有薪酬。

(3) 硬分叉

在DPoS共识机制下，所有的变更必须由积极的股东批准后才能发起。虽然从技术上来讲，证人可以单方面地串通起来修改他们的软件，但这样做并不符合他们的利益。证人是在基于他们承诺对区块链相关政策保持中立的基础之上选举出来的，保持中立能保护证人免受网络的管理员、经理、业主或经营者的指控，证人只是股东们的雇员。只要变更获得股东的批准，开发人员可以实施任何他们认为合适的变更。这项政策可以保护开发者，也在同等程度上保护了股东，并确保没有任何人可以单方面控制整个网络的发展方向。

改变规则的门槛与替换51%的当选证人的难度一样高。股东参与证人选举的人数越多，就越难改变规则。规则的更改取决于网络上的每个人是否升级他们的软件，并且没有区块链版本协议来规定规则如何改变。这意味着只要股东坚持代码普遍预期的行为，就可以在不需要股东投票的情况下推出硬分叉“错误修复”。实际上，只有安全紧要的硬分叉才可以以这种方式实施。即使是再小的变更，开发者和证人都应该等待股东批准。

(4) 双重支付攻击

当区块链排除之前包含的交易进行重组时，就可能会发生双重花费。这意味着证人因互联网基础设施的中断而导致通信故障。利用DPoS共识机制，导致双重支付攻击的通信中断的概率会非常低。该网络能够监测自己的健康状况，并可以立即检测到通信中出现的任何损失，并能显示证人没有按计划生产区块。当发生这种情况时，用户可能需要等待一半的证人验证其交易，这可能长达1~2 min。

(5) 交易作为股份证明

网络上的每一笔交易都可以选择性地包含最近一个区块的哈希值。如果这样做了，交易的签名节点可以确信他们的交易可能不适用于任何不包含该区块的区块链。这一过程的另一个作用就是，随着时间的推移，所有股东最终直接证明了交易历史的长期完整性。

(6) 竞争链问题

由于所有证人都是选举产生的、高度负责任的，并且授予了专门的时间段来生产区块，所以几乎不可能存在两条竞争链的情况。网络延迟偶尔会使得某个证人不能及时收到上一个区块。如果发生了这种情况，下一个证人将通过建立在他们首先收到的区块之上来解决这种问题。凭借99%的证人参与率，每一笔交易有99%的机会在单个证人之后得到验证。

尽管该系统能健壮地抵御自然的链重组事件，但仍然存在如下的一些可能性：软件错误、网络中断、不称职或恶意的证人创造多于一个到两个区块的多个竞争历史。软件始终选择证人参与率最高的那一条区块链。证人控制自己在每轮中只能生产一个区块，其参与率总是比大多数人低。没有任何单个证人（或少数几个证人）能够做到更高参与率地生产区块链。参与率是通过将预期生产的区块数量和实际生产的区块数量相比较来计算的。

（7）最大限度去中心化

在 DPoS 共识机制下，每个股东的影响力和他的股份数量成正比，所有的股东都是这样行使这种影响力的。市面上的其他共识机制都无法做到绝大多数股东的参与，有许多不同方式的排斥股东的可选方案。一些替代方案使用邀请限定的系统；其他共识机制通过使用参与费高于收入的方法来排斥自由参与；还有其他系统在技术上允许每个人参与，但是通过少数几个玩家生产绝大多数区块的方式来妥善地排斥其他人。只有 DPoS 共识机制能确保区块的生产均衡地分配给大多数人，并且能确保每个人都用一种经济可行的方式来决定生产区块的人是谁。

该模式大大提高了分布式系统中交易处理的效率。同时，为了防止网络延迟有可能带来的区块链分叉问题，制造区块的代表一般都会与制造前后区块的代表建立直接连接，即使自己没能及时广播自己建立的新区块，也可以和前后代表进行沟通来维护正确的区块链账本，从而获得自己应得的报酬。

4. 实用拜占庭协议

实用拜占庭协议（Practical Byzantine Fault Tolerance，PBFT）主要是解决在分布式环境下如何保持集群状态的一致性的问题。PBFT 算法包含两个主要的节点角色，即主节点（Primary）和副本节点（Replica）。同时，还包括主、副节点转换的视图（View），主要在算法中起到逻辑时钟的作用。在容错能力方面，该算法可以最多允许拥有 n 个节点的系统中的 $f=(n-1)/3$ 的节点出错，而保持系统的正确性（避免分叉）。升级版的 PBFT 算法之所以比原始的 BFT 算法更加实用，是因为该算法把算法复杂度从指数级降低到了多项式级，从而更适应复杂的分布式系统。

PBFT 算法的流程如图 3-6 所示，具体过程如下。

1）请求阶段（Request）：客户端发送消息给主节点，开始交易的请求。

2）预准备阶段（Pre-prepare）：主节点构造预准备的消息结构体，主要包含视图编号、广播消息的唯一递增序列号、消息的摘要和消息，并广播到集群中的其他节点。

3）准备阶段（Prepare）：副本节点检查收到的广播消息，通过则存储在自己节点中。当收到 $2f+1$（包括自己）个相同的消息后，检查消息的完整性和正确性。然后，再加入本节点编号到消息体结构中，并广播出去。

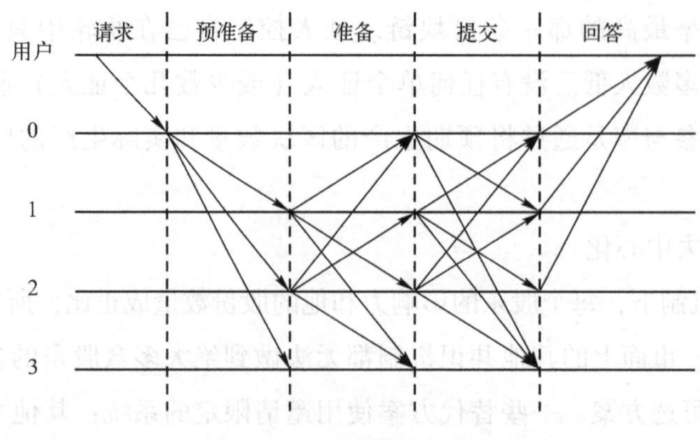

图 3-6 PBFT 算法的流程

4）提交阶段（Commit）：副本节点收到 $2f+1$（包括自己）个一致的准备消息后，进入提交阶段。首先，检查消息的完整性和正确性。然后，将验证过的消息广播到集群中的其他节点。

5）回答阶段（Replay）：副本节点收到 $2f+1$（包括自己）个一致的提交消息后，执行消息中包含的操作，并返还执行结果给客户端。

PBFT 算法中的其他一些重要的功能如下。

(1) 日志压缩

PBFT 算法在运行的过程中，日志会不断地累积，但是在实际的系统中，无论是从日志占用的磁盘空间，还是新节点加入集群、同步日志的网络消耗来看，日志都不能无限地增长。PBFT 采用检查点机制来压缩日志，其本质和 Raft 算法采用快照的形式清理日志是一样的，只是实现的方式不同。

为每一次操作创建一个集群中稳定检查点，代价是非常昂贵的，PBFT 为常数个操作创建一次稳定检查点，比如每 100 个操作创建一次检查点，这个检查点得到集群中多数节点的认可后，就变成了稳定检查点。当节点 i 生成检查点后会广播消息<CHECKPOINT, n, d, i>，其中 n 是最后一次执行的消息序号，d 是 n 执行后的状态机状态的摘要。每个节点收到 $2f+1$ 个相同 n 和 d 的检查点消息以后，检查点就变成了稳定检查点。同时删除本地序号小于或等于 n 的消息。同时，检查点还有一个提高水线的作用，当一个稳定检查点被创建的时候，水线 h 被修改为稳定检查点的 n，水线 H 为 $h+k$，而 k 就是之前用到的创建检查点的那个常数。

(2) 视图切换

视图切换提供了一种当主节点宕机以后依然可以保证集群可用性的机制。视图切换通过计时器来进行切换，避免了副本长时间的等待请求。当副本收到请求时，就启动一个计时器，如果这个时候刚好有定时器在运行就重置定时器，但是主节点宕机的时候，副本 i 就会在当前视图 v 中超时，这个时候副本 i 就会触发视图切换的操作，将视图切换为 $v+1$。

在试图切换中最为重要的就是 3 个消息的集合 C、P、Q，C 确保了视图变更的时候，稳定检查点之前的状态安全；P 确保了视图变更前，已经准备的消息的安全；Q 确保了视图变更后 P 集合中的消息安全。预准备和准备阶段最重要的任务是保证同一个主节点发出的请求在同一个视图中的顺序是一致的，而在视图切换过程中的集合 C、P、Q 就是用来解决这个问题的。

（3）主动恢复

集群在运行过程中可能会出现网络抖动、磁盘故障等问题，从而导致部分节点的执行速度落后于大多数节点，而传统的 PBFT 算法并没有实现主动恢复的功能，因此需要添加主动恢复的功能才能参与后续的共识流程，主动恢复会索取网络中其他节点的视图、最新的区块高度等信息，更新自身的状态，最终与网络中其他节点的数据保持一致。

在 Raft 中采用的方式是主节点记录每个跟随者提交的日志编号，在发送心跳包时携带额外信息的方式来保持同步，在 PBF 中采用了视图协商的机制来保持同步。若一个节点落后太多，当它收到主节点发来的消息时，对消息水线的检查会失败，这个时候计时器超时，发送视图切换的消息，但是由于只有自己发起试图切换达不到 $2f+1$ 个节点的数量，本来正常运行的节点就退化为一个拜占庭节点，尽管是非主观的原因，为了尽可能保证集群的稳定性，所以加入了视图协商机制。

当一个节点多次视图切换失败时就会触发视图协商，同步集群数据，流程如图 3-7 所示。

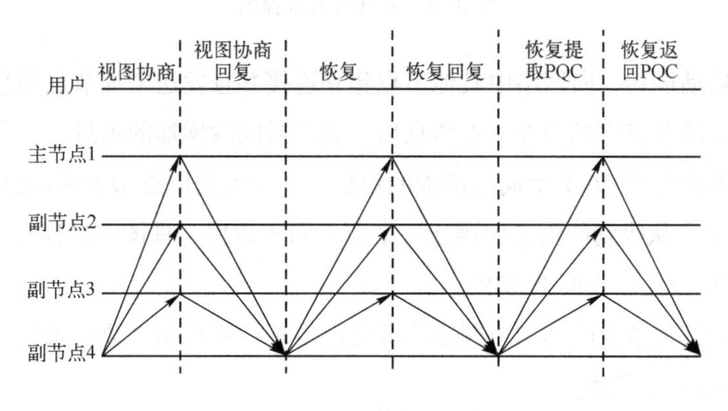

图 3-7　主动恢复流程图

1）新增节点副节点 4 发起视图协商消息给其他节点。

2）其余节点收到消息以后，返回自己的视图信息、节点 ID、节点总数 N。

3）副节点 4 收到 $2f+1$ 个相同的消息后，如果多数派视图编号和自己不同，则同步视图和 N。

4）副节点 4 同步完视图后，发送恢复检查点的消息，其中包含自身的检查点信息。

5）其余节点收到恢复检查点后将自身最新的检查点信息返回给副节点 4。

6）副节点 4 收到多数派消息后，更新自己的检查点到最新，更新完成以后向正常节点索要 PQC（pset、qset 和 cset）的信息（即 PBFT 算法中预准备阶段、准备阶段和提交阶段的数据）同步至全网最新状态。

（4）增删节点

节点增加过程如图 3-8 所示，并包含以下几个步骤。

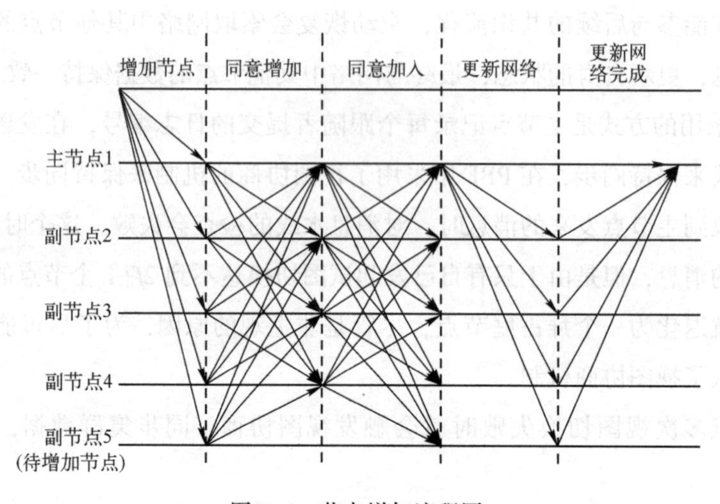

图 3-8　节点增加流程图

1）新节点启动以后，向网络中其他节点建立连接并且发送增加节点消息。

2）当集群中的节点收到增加节点消息后，会广播同意增加的消息。

3）当一个节点收到 $2f+1$ 个同意增加的消息后，会发送同意增加的消息给副节点 5。

4）副节点 5 会从收到的消息中挑选一个节点同步数据，具体的过程在主动恢复中有说明，同步完成以后发送加入网络请求。

5）当集群中其他节点收到加入网络请求之后重新计算视图、节点总数 N，同时将 PQC 信息封装到同意加入中广播。

6）当收到 $2f+1$ 个有效的同意加入后，新的主节点广播消息完成新增节点流程。

节点的删除过程与节点增加过程类似，这里就不再赘述。

3.2.3　区块链共识机制评估

区块链的共识机制都具有各自的特点，针对不同的应用环境各有一定的优势，也存在一些劣势。

1. 工作量证明机制评估

工作量证明机制的优缺点如下。

（1）工作量证明机制的优点

1）PoW 共识中节点可以自由地进出系统，全网中任何节点都可以参与到“挖矿”中，共同维护和建立全网统一的账本，系统可以实现完全的去中心化。

2）PoW 共识的内在优势在于可以稳定币价，因为在 PoW 币种下，矿工的纯收益来自 Coinbase 奖励减去设备和运营成本，成本会驱使矿工至少将币价维持在一个稳定水平，所以攻击者很难在短时间内获得大量算力来攻击主链。

3）PoW 共识的外在优势是目前它依然是工业成熟度最高的区块链共识算法，所以在用户信任度上、矿工基础上都有很好的受众。

（2）工作量证明机制的缺点

1）资源消耗量大：“挖矿”节点要维持巨大的算力，就需要投入大量的 CPU、GPU、FPGA 和专用集成电路（ASIC）等硬件设备来建立“矿池”；同时，大量的“挖矿”设备连续不断地消耗电量，据估计，在比特币系统中每笔交易需消耗 746 kW·h 的电量，能源消耗量巨大。

2）安全隐患严重：日蚀攻击能通过控制目标对象的网络通信，将目标对象从网络中隔离出来，阻隔它们与正常节点之间的交易传播。双花攻击中敌手可以通过制造区块链分叉的方法来重复花费已经花费过的代币。

3）自私挖矿：敌手通过提前挖取几个新的区块建立私链，再选择性地释放区块去影响主链，甚至将自己的私链变为主链。该攻击方式严重浪费了诚实节点的算力，甚至破坏了整个网络。

2. 基于股权证明的共识机制评估

基于股权证明的共识机制的优缺点如下。

（1）基于股权证明的优点

基于股权证明的共识机制改变了工作量证明机制中的资源消耗问题。同时，交易确认的时间大大缩短，出块时间也大大缩短，系统效率显著提高。

（2）基于股权证明的共识机制面临的攻击

1）无利害关系攻击（Nothing at Stake Attack）：攻击者可以利用区块链的分叉，在以往的分叉上“挖矿”来获取不正当的利益。

2）研磨攻击（Grinding Attack）：由于 PoS 共识机制中，下一个出块者选举受到上一个出块者的影响，敌手可以通过控制当前出块者的行为使得自己成为下一个出块者，并不断产生新的区块来达到自己的目的。

3）长程攻击（Long Range Attack）：敌手通过伪造一条从创世区块开始的新链来影响 PoS 网络中的离线节点或新加入节点，逐渐使得伪链成为系统主链。

3. 实用拜占庭协议评估

实用拜占庭协议的优缺点如下。

（1）实用拜占庭协议的优点

1）实用拜占庭协议首先解决了原始拜占庭协议算法效率不高的问题，算法复杂度从指数级降到多项式级。

2）该算法首次在异步网络环境下使用状态机副本复制协议，并通过算法优化将性能提升了一个数量级。

3）该算法在容错性方面可以允许 n 个节点的系统中存在$(n-1)/3$ 个故障节点或者恶意节点。

（2）实用拜占庭协议的缺点

1）适用范围为联盟链或者私有链，不适用于公有链。

2）通信复杂度过高，可扩展性比较低，当系统节点达到 100 时，性能下降得非常快。

3）网络不稳定的情况下系统延迟较高。

4）其不能很好地存储记录的交易信息，黑客能够截取一些失效的副本，这会让信息外漏。

3.3 基于投票证明的共识算法 PoV

比特币引入了一种革命性的去中心化共识机制。然而，应用于公共区块链的比特币衍生共识机制不适合新兴联盟区块链的部署场景。因此，来自世界不同地区的多家企业或机构组成了联盟委员会，共同维护联盟区块链。协商一致由联合体合作伙伴控制的分布式节点协调，这些节点将通过投票进行分散仲裁，并为网络参与者建立不同的安全身份，以便在不依赖第三方中介或无法控制公众意识的情况下，由机构在联盟中的投票决定提交和验证区块。

3.3.1　PoV 算法构成

在 PoV 共识过程中有 4 个角色：专员、管家、管家候选人和普通用户。这 4 个角色都使用密码来验证他们的身份，他们需要签署自己发送的消息，并且他们的行为可以被验证。

1）专员：负责推荐、投票和评估管家，并验证和转发区块与交易。专员是联盟区块链委员会委员之一，每个专员都有相同的权利和义务，他们的地位平等。区块链网络中生成的区块将发送给所有专员进行验证。当一个区块收到至少 51%的投票时，该区块将被标记为有效，并添加到区块链中，其投票结果可以代表全体委员的意志。

2）管家：负责专门生产区块。变成管家需要两步：一是变成一个管家候选人，二是赢得一次管家选举。管家将从网络中收集交易信息，并将其打包成一个块，并在该块上签名。管家节点的数量有限，管家轮流在任期周期内随机生成区块，并在任期届满后接受重新选举。委员会负责投票，管家负责生产区块，节点可以同时是专员和管家。

3）管家候选人：申请管家候选人有三个步骤：①在联合体区块链系统中注册一个用户账户，并提交一份管家候选人申请。②提交至少由电子委托人签署的推荐信（通过密钥加密）。③提交押金。由于管家数量有限，必须从管家候选人中选出一名管家，候选人将由所有委员投票选出。专员可以保留专员和管家候选人的双重角色，以便他们可以推荐自己成为管家候选人。如果专员在选举中输了，他们可以继续留在网络上，等待下一次选举。

4）普通用户：普通用户可以随时加入或退出网络而无需授权，他们的行为可以是任意的。未经许可，普通用户不得参与数据块的生成过程，只能参与数据块分发和消息转发过程。他们可以在使用系统服务的同时查看整个共识过程。

3.3.2　PoV 共识过程

PoV 共识算法中，假设专员的数量为 N_c，管家的数量为 N_b，管家候选人的数量为 N_{bc}，普通用户的数量为 N_o。由于节点可以具有双重身份，因此所有角色的总数为 N_{all}，满足 $N_{all} \leq N_c+N_b+N_{bc}$，其中 N_b是定量的。在每个任期周期中，为每个管家分配一个数字，从 0 开始，最后一个数字是 N_b-1。将管家的任期设置为 T_w，并且在每个任期内都会生成 B_w+1 块。最后一个块是一个特殊块，包括选举结果和相关记录，以及新选举的管家节点的服务器信息。管家需要在分配的时间内生成一个区块，这是区块 T_b的包装周期。每次生成和签署一个有效的块，都称之为一轮共识。在每轮共识结束时，管家调用一个函数来生成一个随机数 $r(0\leqslant r\leqslant N_b)$，$r$ 从 0 开始增加。如果至少有一个管家工作正常，网络便可以最终达成共识。因为在一个打包周期内，只有一个块可以接收到至少 $N_c/2+1$ 个签名，所以每个有效块都具有相关性，并且区块链不会分叉。在任期周期内的最后一轮共识将产生第 B_w+1 个区块，这是一个特殊区块。现任管家和管家候选人往往会在下一轮竞选新的管家。在这一共识中，每个委员都会给出一份投票名单，最终 N_b 个顶级候选人（即最终选举出的人）将赢得选举。选举结果及相关记录将写入这个特殊的区块中。在达成这一特殊共识后，现任管家正式退休，新管家将在新一轮任期内开始工作。在每一轮任期内总共有 B_w+1 轮共识过程，并产生了 B_w+1 个区块。

（1）生成普通有效块

有效块的生成被称为一轮共识。一轮共识可能需要 M 个包装周期（T_b），如果管家 i 未能在 T_b 时间内生成有效的块，则该块生产的许可权将移交给管家 $i+1$。一轮共识的总时间为 $T_c=MT_b(1\leqslant M\leqslant N_b)$。数字 M 意味着在这个共识中有 $M-1$ 个无效块被放弃。当 $M\leqslant N_b$ 时，普通有效块的生成如图 3-9 所示，详细步骤如下。

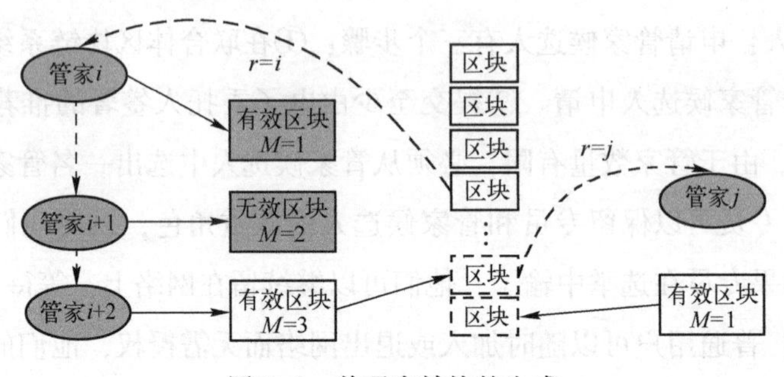

图 3-9　普通有效块的生成

1）所有节点都可以生成附加签名的交易数据，同时接收交易数据并验证接收到的交易数据是否有效，如果有效，则将交易数据转发给专员和管家。

2）所有管家监控交易数据，将合法交易数据分别存储到交易池中。

3）$M=1$，r 为上一个区块的随机值。如果这是本周期的第一个区块，那么前一个就是上一个周期的最后一个特殊区块。若产生的是一个普通区块，则 r 默认为 0。

4）管家 $i(i=r)$ 从事务池中取出一些事务，将它们打包成一个块，并将该块发送给所有专员。该区块的截止时间为 T。

5）在收到块后，专员验证块中的数据，如果他们同意此生产，则在块头上签名并将签名发送回给管家。

6）在收到至少 $N_c/2+1$ 个签名后，管家获得由 NTP（网络时间协议）服务器签名的时间戳信息。如果时间在 T 之前，管家可以计算 r 值，将其写入块，并在块上签名。然后，管家将完整的有效块发布到整个网络上。跳到步骤 8。

7）如果时间超过 T，则此块将成为无效块。设 $r=r+1$，M 递增，跳至步骤 4。

8）收到有效区块后，所有管家将从交易池中删除非法交易，获取有效区块的随机编号 r，开始下一轮共识。

特别是，如果 $M>N_b$，让 $M=1$，这意味着没有一个管家可以生成有效的块。在这种情况下，块的生成将陷入死区，直到网络恢复。

（2）特殊有效块的产生

特殊有效块是任期周期中的最后一个区块，旨在完成新管家的选举。特殊有效块的生成与普通有效块的生成类似：在特殊区块出现之前，所有专员将从当前管家和管家候选人的名单中生成一个序列，以形成投票名单；所有专员和现任管家将从所有专员处接收投票信息，并将其放入自己的内存池（事务池）。特殊有效块还需要获取专员的签名进行认证，并最终达成共识。与普通分组的区别在于，特殊分组包含投票信息，但不包含交易。经过计算，前 N_b 个节点将赢得选举，成为下一届任期的新管家。制作完此特殊有效块后，当前任期的管家将被解除职务，并删除内存池中的相关投票信息。

（3）投票过程

有两个主要的投票程序。第一个是对区块生产的投票，第二个是对管家候选人的投票。委员们通过返回签名进行投票。

1）区块生成投票：管家 i 生成一个块，并发送给所有专员。如果专员同意生成此块，他将块头加密并将签名返回给管家。如果管家 i 在预定时间内收到至少 $N_c/2+1$ 个签名，则该块有效。否则，该块无效，将由管家 $i+1$ 复制。

2）管家候选人投票：管家 j 向所有委员发送投票请求。在收集和统计选票后，管家 j 生成一个带有选举结果和相关记录的特殊块。然后，管家 j 将这个区块发送给所有专员进行验证。

3）专员的投票信息是计分票和指定票的组合：计分票是指每个专员都有一个记录管家候选人得分的清单，专员选择一个得分高的候选人序列；指定票是指专员在考虑人的因素的情况下，对候选人进行特定的收集，或设置随机的候选人收集，这增加了管家的流动性。

3.3.3　PoV 共识细节

PoV 共识过程中其他需要注意的细节如下。

(1) 一个任期周期

通常，管家候选人的数量（N_{bc}）大于管家的数量（N_b）。在联盟区块链的创世区块生产之前，管家候选人通过自我推荐或他人推荐的方式出现。当满足$N_{bc} \geqslant N_b$条件时，第一批管家将由管家投票，其中一名管家将初始信息写入创世区块，然后开始一个正常的任期周期。一个任期周期包括：在每一轮开始时，随机数r为上一个区块的随机值；完成B_w轮共识，生成B_w个普通有效块；在最后一轮（B_w+1）共识，专员更新他们的管家候选人名单的等级，并投票选举，将生成一个包含投票信息的特殊块。任期结束，循环执行以上步骤。如果$N_{bc} \geqslant N_b$，专员将在没有候选人的情况下通过自我推荐来补充管家候选人数量。

(2) 时间同步策略

NTP 服务器是一个受信任的实体，它为事务提供并签署时间戳。管家需要从 NTP 服务器获取时间信息，NTP 服务器将签署时间戳以确保时间信息不被篡改。

(3) 随机数字r的产生

每个块生成一个随机数，确定谁将是下一个管家，这确保了管家以随机顺序生成块。随机数生成算法如下：假设管家已收到K个专员的签名，用签名［i］表示（$0 \leqslant i \leqslant K$，$N_c/2<K \leqslant N_c-1$）。从 NTP 服务器接收它的时间就是时间戳。因为每个块头的值是不可预测的，所以可以获得一个不可预测的资源和一个随机数r，防止管家可能联合起来，降低管家通过使r值以某种模式出现而获得更多收入的可能性。

(4) 联盟基金

联盟成立后，将建立一个账户，用于存储管家候选人提交的押金和管家的工资。管家的效率得到了奖励，基本上是成功验证的块的数量。而各专员有义务定期补充联盟基金。

(5) 激发机制

管家候选人可以随时放弃他的身份。当他退出时，如果没有任何不良记录，他便可以找回自己的存款。但是，如果管家在任期内申请退出网络，他就无法取回他的存款，因为这是一种不良行为。每个专员都会保留一份管家候选人名单，并对他们的行为进行评估。评分规则包括：每次专员通过并签署一个街区，他将给管家额外的分数，否则分数将下降。当管家节点离线且错过区块生产时，分数将被清除，这意味着当管家在线时，他需要重新开始评分。一个管家可能有不同的委员记录的分数，分数代表委员的信任程度，也会成为投票的理由之一。经过一段特定的时间后，管家和管家候选人将根据他们生成的有效积分数量从联盟基金中获得奖励，这样他们就有动力接受工作、诚实工作和长时间在线。

3.4　基于信任的共识算法 PoT

基于信任的共识算法（PoT）可以根据节点参与创建区块的行为赋予其相应的信任度，基本权益代表节点对区块进行签名操作并赋予区块信任度，最终根据区块所获得信任度的权重竞争上链。它有效解决了区块链贿赂攻击以及权益粉碎攻击等带来的诸多安全问题。

3.4.1　PoT 算法构成

基于信任的共识算法将网络中的节点分为矿工节点和基本权益代表节点两种。节点消耗自身的信用值参与到网络共识中，通过一定的投票机制确定新的区块。信用消耗是为了节点保持诚实，恶意行为的节点会受到严厉的处罚。

（1）节点行为定义

PoT 共识算法通过对节点运行机制的检测与判别，将节点分为好和坏两类。

1）好：每一个基本权益代表对于区块的签名被认为是对该区块的投票，投票时使用自己的私钥进行签名，可以用公钥去验证。只要节点参与生成的区块的签名合法、满足当前难度、具备竞争上链资格，就将其行为定义为好的。

2）坏：如果前 $N-1$ 个基本权益代表发现它要签名的区块存在问题，那么根据协议就不予签名。如果仍要签名，那么具有区块打包权的第 N 个基本权益代表在将区块打包之前完全可以决定是否打包区块。如果不打包，则认为该区块无效，所有对该区块进行的签名操作都被视为无效，这将消耗这些基本权益代表的信任度。如果打包成功并且与其他区块一起进行信任度竞争，网络中的其他节点会对区块的签名进行验证。如果区块中有的签名是非法的或者区块头哈希不正确，则认为该区块非法。因此，对该区块进行签名操作的所有基本权益代表均会被认为是恶意的，会使用相应的惩罚机制对他们进行信任度惩罚。

（2）信用消耗

信用消耗是为了保证节点的参与度而设置的，而不是为了让节点以消耗信用度的方式参与区块的生成。这是因为当网络中的基本权益代表过少时，网络的安全与稳定就得不到保证。在 PoT 机制中，节点的信用度会随着时间的推移而降低。即使节点不是基本权益代表，为了保证网络安全，它也要参与区块的验证。只要节点参与了区块的验证，就不会产生信用消耗。

PoT 共识算法中的节点可以不通过自身所持资源来确定其拥有的投票权重，并且其所持信任度上限为1，一定程度上解决了原始PoS协议中的币龄累积导致的中心化问题。传统的PoS机制中，投票权重的增长是呈线性的，而PoT中信任度增长是呈非线型的，信任度的提升速率随着时间的推移会下降，最后趋近于0，因此，不会造成单一节点信任度过高导致的网络中心化问题。

（3）投票机制

在PoT共识算法中，改变了原先的基于币龄或者加密货币所有权的权益，不再依赖于节点自身所持的资源，建立了基于节点自身的信任度的权益。基本权益代表通过对于区块的签名来赋予区块信任度，信任度越高，则得到哈希结果的速度就越快，区块的建立速度就越快。

3.4.2 PoT共识过程

PoT的共识过程中的区块产生主要分为两步：第一步是通过简单难度的工作量证明产生一个空区块；第二步是通过基本权益代表的投票来确定该区块是否有上链资格。具体的区块产生过程如图3-10所示，详细过程如下。

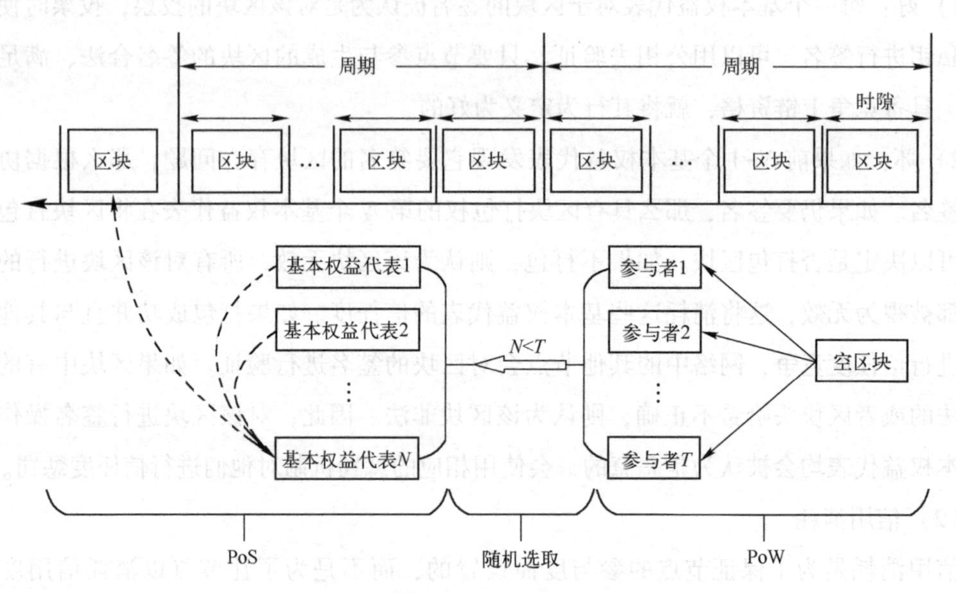

图3-10　基于信任的共识机制的区块产生过程

（1）区块头产生

每个矿工都尝试去产生一个区块头，这个区块头中包含了先前区块的哈希、矿工地址、该区块在区块链中的索引以及一个随机值。但是，区块头中不能包含任何交易。然后，矿工进行工作量证明来获取以自己产生的区块头为首的权利，当符合当前网络难度目标时，获得权利的矿工就向全网广播自己的区块头。

(2) 参与者确定

所有节点将这个区块头的哈希值作为确定 T 个参与者的数据。通过将 T 个固定的值与区块头的哈希值进行哈希运算，得到的第 i 个结果 x 将被用来确定第 i 个参与者。这个过程就是在 PoT 中引入一个跟随币机制，有意向成为参与者的节点将所有未花费的输出（UTXO）按照字典的方式进行排序，这里假设 UTXO 不为空，具体格式为{ID，Coin}，其中，ID 为节点的公钥地址，Coin 表示节点所持币的数量。同时，ID 表示当前参与者的序号，并且 ID≤T。节点选取一个其值介于 1 和系统中 UTXO 总数量之间的随机数 x，为了找到第 x 个币的持有者，节点找到一个最小的 i，使得列表从最开始到 i 的节点所持 UTXO 代币数量不小于 x。这样，第 i 个地址就是第 x 个币的拥有者。

(3) 基本权益代表选取

在确定了 T 个参与者之后，在每一个时隙中，都会从中随机选取 N 个节点作为基本权益代表参与共识（$N<T$）。每个在线的权益代表检查这个矿工广播的区块头是否有效，一旦认为有效，则该权益代表就检查自己是否是 N 个权益代表之一；如果是前 $N-1$ 个权益代表，那么它就在区块头上用自己的私钥进行签名。该过程是对区块基本权益代表的信任度赋予相应的权重，并将其签名进行广播。当节点确认自己是第 N 个权益代表时，它就将尽可能多的交易打包进区块，再加上前 $N-1$ 个签名以及自己的签名来扩展区块头，并最终生成该区块的哈希值。

(4) 区块打包验证

第 N 个基本权益代表向网络广播打包后的区块，当其他节点收到这个区块并验证是有效后，该区块即得到大多数节点的认可，并被链到最长的链上。为了适应网络的不断拓展扩大，会出现两个区块同时在全网传播的情况，那么两个区块就进行基于链的权益证明竞争上链。当区块被扩展到了链上，则给该区块签名的所有基本权益代表的行为均被定义为好的。

(5) 奖励发放

区块产生之后，参与区块建立的矿工和基本权益代表将会获得奖励，由第 N 个基本权益代表收集并发放。

3.4.3 PoT 共识分析

PoT 的共识过程中可能存在一些攻击行为，主要的攻击方式如下。

(1) 贿赂攻击分析

在 PoT 中，如果要进行贿赂攻击是不可行的，因为每次生成区块的基本权益代表都不相同，并且在区块产生之前基本权益代表是不确定的。一旦被发现参与恶意投票，对于信任度的惩罚是极高的，而且只有第 N 个基本权益代表具有对交易进行打包的权力。除非攻击者提前找到第 N 个基本权益代表，一旦基本权益代表 N 对无效交易进行打包操作，就将受到信任度惩罚。对于恶意行为的惩罚系数是非常高的，高昂的信任度惩罚对其来说是不可承受的，由此来保证参与者的诚实性。

（2）累积攻击分析

在 PoT 中，如果想要进行累积攻击，就需要对信任度进行累积。利用修正 Logistic 算法使得信任度的累积变得十分漫长，并且节点的恶意行为一旦被发现，对节点的信任度惩罚力度将是任何理性节点都不可承受的。因此在 PoT 中，想要通过积累信任度发起攻击的收益不足以抵消其遭受的信任度惩罚损失。如果攻击者要绕过信任度，仅通过自身所持权益生成区块与其他区块进行上链竞争，其成功的概率也是相当低的。

3.5 基于活跃的共识算法 PoA

PoA（Proof of Activity）算法是一个区块链的共识算法，基本原理是结合 PoW 和 PoS 算法的特点进行工作。PoA 算法不仅与算力有关，后续的 N 个参与者的选举则完全由参与者在网络中所拥有的币的总数量决定。拥有越多币的参与者越有机会被选为 N 个后续的参与者。而后续 N 个参与者参与的必要条件是这 N 个参与者必须在线，这也是 PoA 命名的由来，PoA 算法的维护取决于网络中的活跃节点（Active）。

3.5.1 PoA 算法过程

PoA 算法的一个理想的基本流程类似于 PoW 协议，即矿工构造出一个符合难度要求的块头，通过矿工得到的块头计算衍生出 N 个币的编号，从区块链中追溯可以得到这 N 个币目前所属的参与者。矿工将这个块头发送给这 N 个参与者，其中前 N-1 个参与者对这个块进行校验和签名，最后第 N 个参与者校验并将交易加入到该块中，将这个区块发布出去，即完成一个区块的出块。PoA 算法流程图如图 3-11 所示。

在实际运行中，无法保证网络上所有参与者都在线，而不在线的参与者则无法进行校验和签名，这个无法被校验和签名的块头则会被废弃。即在实际运行中，应该是一个矿工构造出块头后广播给各个参与者签名，同时继续重新构造新的块头，以避免上一个块头衍生的 N 个参与者存在某一个没有在线，而导致块头被废弃的情况。

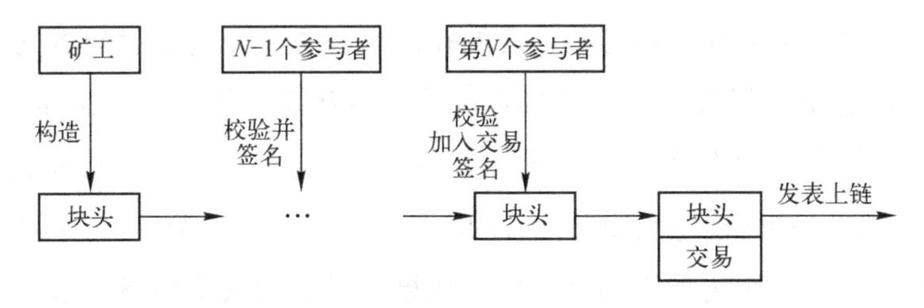

图 3-11　PoA 算法流程图

因此，在这种情况下，一个块头是否被确认不仅与矿工的计算能力有关，还与网络上的节点在线比例有关。在与比特币（PoW）同样 10 min 出一个块的情况下，PoA 由于会有参与者不在线而产生额外的损耗，因此，10 min 内矿工可以构造的块的数量会更多，即块头的难度限制会降低，那么矿工在挖矿过程中造成的能量损耗也会降低。与纯 PoS 相比，可以看到 PoA 的出块流程并不会将构造区块过程中的相关信息上链，可以明显减少区块链上用于维护协议而产生的冗余信息的量。

3.5.2　PoA 关键机制

本节中，会对 PoA 共识算法中的一些关键机制进行介绍和分析。

（1）参与者数 N 的设置

在矿工构造出块头后对块头进行校验和区块构造的 N 个参与者的数量选定，类似于比特币中每一个块的出块时间的选取。比特币中选择了 10 min 作为每一个块的期望出块时间，并通过动态调节难度来适应。

这里 N 的取值同样可以选择选定值或者动态调节。动态调节需要更加复杂的协议内容，同时可能会带来区块链的数据膨胀，而复杂的协议也增加了攻击者攻击的可能性。

（2）激励机制

从上面的描述可以看到，构造新的区块的人除了矿工还有从块头中衍生出来的 N 个币所有者。在构造出一个新的区块后，这些参与者同样应该收到一定的激励，以维持参与者保持在线状态。

同时，最后第 N 个参与者与其他参与者的分成同样需要考虑，第 N 个参与者需要将交易加入区块中，即需要维护 UTXO 池。另外，第 N 个参与者还需要将被丢弃的块头加入新构建的区块中。一个参与者如果没有维护 UTXO 池则无法构造区块，但是可以参与前 $N-1$ 个区块的签名，因此为了激励参与者维护 UTXO 池，作为最后一个构造区块的参与者，必须给予更多的激励，比如是其他参与者的两倍。

矿工与参与者之间的分配比例与参与者的在线状态相关。给予参与者的激励与参与者保持在线状态的热情密切相关，越多参与者保持在线状态，越能更好地维持网络的稳定。因此，在网络上在线参与者不够多的时候，可以提高参与者得到的激励分成比例，从而激发更多的参与者上线。如何确定当前参与者的在线情况？可以在第 N 个参与者构造区块时，将构造出来但是被废弃的块头加入到区块中，如果被丢弃的块头数量过多，说明在线人数过低，应当调节分成比例。为了激励其将废弃区块头加入新构建的区块中，可以按照加入的区块头，适当增加一些激励。虽然加入更多的区块头可以在下一轮的时候增加分成的比例，但是应当激励参与者往区块中加入未使用的块头（这里参与者不可能为了增加分成而更多地加入区块头，每一个区块头都意味着一位矿工的工作量）。

（3）委托机制

从激励机制中的描述可以知道一个用户必须在线且维护 UTXO 池才可能尽可能地获得利益。这种机制势必会导致一些用户将自己的账户托管给一个中心化的机构。这个机构会一直保持在线，并为用户维护其账户，在用户被选为构造区块的参与者时参与区块的构建并获取利益。最后该机构将收益按照某种形式进行分成。

参与者必须用自己的密钥进行签名，而托管给某个机构后，这个机构在可以用这个密钥签名构造区块的同时，也有可能使用这个密钥消费用户的财产。这里可以采用一种有限花销的密钥，这个密钥有两个功能，一个是将账户中的部分财产花费出去，另一个是将所有财产转移到一个指定账户。在托管的时候可以使用这个密钥，在被通知部分财产被花费后可以立即将所有财产转移到自己的另一个账户下，以保证财产的安全。

3.5.3 PoA 共识分析

PoA 算法相比于其他算法的优势在于可以改进网络拓扑、维持在线节点比例、需要更少的交易费、减少共识算法过程中的能量损耗。

从上面的分析可以看到，PoA 的安全性与攻击者所拥有的算力和股权有关。假设攻击者拥有的在线股权占比为 x，则攻击者的算力需要达到其他所有算力的 $\left(\frac{1}{x}-1\right)^N$ 倍才能达成分叉。假设攻击者股权总占比为 y，网络中诚实用户的在线比例为 p，则攻击者的算力需要达到其他所有算力的 $\left(\left(\frac{1}{y}-1\right)p\right)^N$ 倍才能达成攻击。

PoA 算法最大的意义在于它可以防止非利害者攻击。所谓非利害者，是指具有强大算力，但是仅仅持有少量股权的攻击者。即使数字资产崩盘，非利害者的损失也不大。因此，非利害者会采用任意的攻击手段而不必考虑后果。PoA 算法中的 PoW 部分，通过 Hash 算法难度控制了新区块头产生的速度，起到稳定网络、避免分叉的作用。PoA 算法中 PoS 部分，使得非利害者得到构造区块的机会是非常小的，因此无法进行有效的攻击。PoA 算法中幸运股权人是依靠资本获利的，这相当于持有股票而获得股息。这种机制会鼓励股权人长期持有股权，有利于数字资产的保值和减少波动。

然而，上述优点的获得也是有代价的。PoW 部分会带来电力的消耗，而 PoS 部分会导致新区块头有较大的概率被丢弃，造成了算力的浪费。

3.6 思考题

1. 区块链的常用共识算法都有哪些？
2. 简要说明基于工作量证明共识算法的过程。
3. 工作量证明共识算法的难度是如何定义的？
4. 简要说明基于股权证明共识算法的过程。
5. 股权证明共识算法的股权大小是如何定义的？
6. 简要说明基于投票证明共识算法过程。
7. 基于投票证明共识算法的周期是如何定义的？
8. 简要说明基于信任共识算法过程。
9. 基于信任共识算法的信任等级是如何划分的？
10. 相较于传统分布一致性算法，当前共识算法的特点与优势是什么？

第4章 Go编程语言简介

Go编程语言是进行区块链开发的理想编程语言之一。XuperChain超级链就是用Go语言编写的。通过本章的学习，可以让读者学习到如何利用Go语言进行软件开发，进而为读者编写实际的区块链软件系统做准备。

4.1 Go语言概述

Go（又称Golang）语言是Google开发的一种静态强类型、编译型、并发型，并具有垃圾回收功能的编程语言。

2007年9月，罗伯特·格瑞史莫（Robert Griesemer）、罗勃·派克（Rob Pike）和肯·汤普逊（Ken Thompson）三个人开始设计Go语言。后来Ian Lance Taylor、Russ Cox等人加入了项目。Go语言是基于Inferno操作系统开发的，于2009年11月正式宣布推出，成为开放源代码项目，并在Linux及Mac OS X平台上进行了实现，后来追加了Windows操作系统下的实现。在2016年，Go语言被软件评价公司TIOBE选为“TIOBE 2016年最佳语言”。图4-1为Go语言核心开发人员。

根据Go语言开发者简述，从单机时代的C语言到现在互联网时代的Java，都没有令人满意的开发语言，而C++给人的感觉往往是，花了100%的经历，却只有60%的开发效率，产出比太低，Java和C#的哲学又来源于C++。并且，随着硬件的不断升级，这些语言不能充分地利用硬件及CPU。因此，一门高效、简洁、开源的语言诞生了。

Go语言是非常有潜力的语言，主要是因为它的应用场景是目前互联网非常热门的几个领域，比如区块链开发、大型游戏服务端开发、分布式/云计算开发。像Google、阿里、京东等互联网公司都开始用Go语言开发自己的产品。

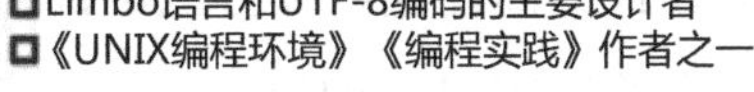

图 4-1　Go 语言核心开发人员

4.1.1　Go 语言的特点

Go 语言的特点如下。

1. 语法简单

Go 语言简单到用户每写下一行代码，都能在脑中想象出编译后的模样、指令如何执行、内存如何分配等。将“++”“--”从运算符降级为语句，保留指针，但默认阻止指针运算，带来的好处是显而易见的。此外，将切片和字典作为内置类型，可以从运行时的层面进行优化。

2. 并发编程

Go 语言从根本上将一切都并发化，运行时用 Goroutine 运行所有的一切，包括 main 入口函数。它用类协程的方式来处理并发单元，却又在运行层面做了深度优化处理。这使得语法上的并发编程变得极为容易，无须处理回调，无须关注线程切换，仅一个关键字，简单而自然。这个功能使得开发者再不用思考到底怎么进行返回值的设计，也不用为了传值而专门定义一个结构体。

3. 自动垃圾回收

C++最让人头疼的问题之一就是指针问题，只要一不小心就可能会出现指针问题（如指针越界等）。在 Go 语言中不用担心这个问题，也不用考虑 delete 或者 free，系统会自动回收。

4. 内存优化分配

Go 语言选择了 TCMalloc，它本就是为并发而设计的高性能内存分配组件。刨去因配合垃圾回收器而修改的内容，内存分配器完整地保留了 TCMalloc 的原始架构。使用 Cache 为当前执行的线程提供无锁分配，多个 Central 在不同线程间平衡内存单元复用。在更高层次里，Heap 则管理着大块内存，将其切分成不同等级的复用内存块。快速分配和二级内存平衡机制，让内存分配器能优秀地完成高压力下的内存管理任务。

5. 标准库完善

标准库有升级和修复保障，还能在运行时获得深层次优化的便利，这是第三方库所不具备的。Go 标准库虽称不上完全覆盖，但也算极为丰富。其中值得称道的是 net/http，仅需几条简单的语句就能实现一个高性能的 Web Server，这从来都是其宣传的亮点。除此之外，大批基于此的优秀第三方 Framework 更是将 Go 推到 Web/Microservice 开发标准之一的位置。

4.1.2 Go 语言与其他常用编程语言的比较

Go 语言的语法接近 C 语言，但对于变量的声明有所不同。Go 语言支持垃圾回收功能，其并行模型是以东尼·霍尔的通信顺序进程（CSP）为基础，采取类似模型的其他语言包括 Occam 和 Limbo，但它也具有 PI 运算的特征，比如通道传输。在 Go 1.8 版本中开放插件（Plugin）的支持，这意味着现在能从 Go 中动态加载部分函数。

1）与 C++相比，Go 语言并不包括如枚举、异常处理、继承、泛型、断言、虚函数等功能，但增加了切片（Slice）型、并发、管道、垃圾回收、接口（Interface）等特性的语言级支持。Go 2.0 版本支持泛型，对于断言的存在则持负面态度，同时也为自己不提供类型继承来辩护。

2）与 Java 相比，Go 语言内嵌了关联数组（也称为哈希表（Hashes）或字典（Dictionaries）），就像字符串类型一样。

3）与 PHP 相比，Go 语言更具通用性和规范性。这使得其更适合构建大型的软件，并能够更好地将各个模块组织在一起。在性能方面，PHP 不可与 Go 语言同日而语。

4）与 Python、Ruby 相比，Go 语言的优势在于其简洁的语法、非侵入式和扁平化的类型系统、浑然天成的多范式编程模型。与 PHP 一样，Python 和 Ruby 也是动态类型的解释型语言，这就意味着它们的运行速度会比静态类型的编译型语言慢很多。Go 语言保证了既能达到静态编译语言的安全和性能，又能达到动态语言的开发速度和易维护性，有人形容

Go = C + Python，说明 Go 语言既能达到 C 静态语言的运行速度，又能达到 Python 动态语言的快速开发。

4.1.3　Go 语言工程结构

一般的编程语言往往对工程（项目）的目录结构是没有什么规定的，但是 Go 语言却在这方面做了相关规定。项目的构建主要是靠环境变量 GOPATH 来实现的。

1. 目录结构

一个 Go 语言项目的目录一般包含以下 3 个子目录。

1）src 目录：放置项目和库的源文件。

2）pkg 目录：放置编译后生成的包/库的归档文件。

3）bin 目录：放置编译后生成的可执行文件。

3 个目录中需要重点关注的是 src 目录，其他两个目录了解即可，下面来分别介绍这 3 个目录。

（1）src 目录

用于以包（package）的形式组织并存放 Go 源文件，这里的包与 src 下的每个子目录一一对应。例如，若一个源文件被声明属于 log 包，那么它就应当保存在 src/log 目录中。并不是说 src 目录下不能存放 Go 源文件，一般在测试或演示的时候也可以把 Go 源文件直接放在 src 目录下，但是这样就只能声明该源文件属于 main 包了。正常开发中还是建议把 Go 源文件放入特定的目录中。

包是 Go 语言管理代码的重要机制，其作用类似于 Java 中的 package 和 C/C++ 的头文件。Go 源文件中第一段有效代码必须是“package <包名>”的形式，如 package hello。

另外需要注意的是，Go 语言会把通过“go get”命令获取到的库源文件下载到 src 目录下对应的文件夹当中。

（2）pkg 目录

用于存放通过“go install”命令安装某个包后的归档文件。归档文件是指那些名称以“.a”结尾的文件。该目录与 GOROOT 目录（Go 语言的安装目录）下的 pkg 目录功能类似，区别在于这里的 pkg 目录专门用来存放项目代码的归档文件。

编译和安装项目代码的过程一般会以代码包为单位进行，比如 log 包被编译安装后，将生成一个名为 log.a 的归档文件，并存放在当前项目的 pkg 目录下。

(3) bin 目录

与 pkg 目录类似，在通过“go install”命令完成安装后，保存由 Go 命令源文件生成的可执行文件。在类 UNIX 操作系统下，这个可执行文件的名称与命令源文件的文件名相同。而在 Windows 操作系统下，这个可执行文件的名称则是命令源文件的文件名加 . exe 后缀（扩展名）。

上面提到了命令源文件和库源文件，它们到底是什么？

2. 源文件

命令源文件：如果一个 Go 源文件被声明属于 main 包，并且该文件中包含 main 函数，则它就是命令源文件。命令源文件属于程序的入口，可以通过 Go 语言的“go run”命令运行或者通过“go build”命令生成可执行文件。

库源文件：库源文件则是指存在于某个包中的普通源文件，并且库源文件中不包含 main 函数。

不管是命令源文件还是库源文件，在同一个目录下的所有源文件，其所属包的名称必须是一致的。

4.2 Go 语言环境与开发工具安装

Go 语言有很多天然的优势。本节主要介绍 Go 语言编程环境和一些开发工具的安装。

4.2.1 Go 语言环境的安装

Go 语言支持以下系统。

1）Linux、FreeBSD。

2）Mac OS X（核心名为 Darwin）。

3）Windows。

Go 语言的安装包下载地址为 https://golang. org/dl/。如果打不开可以使用这个地址：https://golang. google. cn/dl/。打开后的网站如图 4-2 所示。

可以根据自己的操作系统来选择相应的 Go 语言安装包下载。以 Windows 操作系统下的 Go 语言为例，单击图中的相应下载按钮就会出现如图 4-3 所示的下载界面。

下载完成后的 Go 语言安装包如图 4-4 所示。

用鼠标双击安装包文件，进行安装，如图 4-5 所示。

Documents　Packages　The Project　Help　Search

Downloads

After downloading a binary release suitable for your system, please follow the installation instructions.

If you are building from source, follow the source installation instructions.

See the release history for more information about Go releases.

As of Go 1.13, the go command by default downloads and authenticates modules using the Go module mirror and Go checksum database run by Google. See https://proxy.golang.org/privacy for privacy information about these services and the go command documentation for configuration details including how to disable the use of these servers or use different ones.

Featured downloads

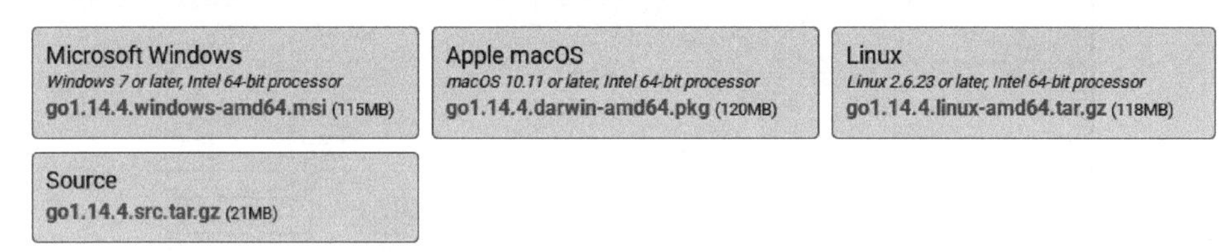

图 4-2　Go 语言的安装包下载网页

图 4-3　Go 语言安装包下载

图 4-4　下载后的 Go 语言安装包

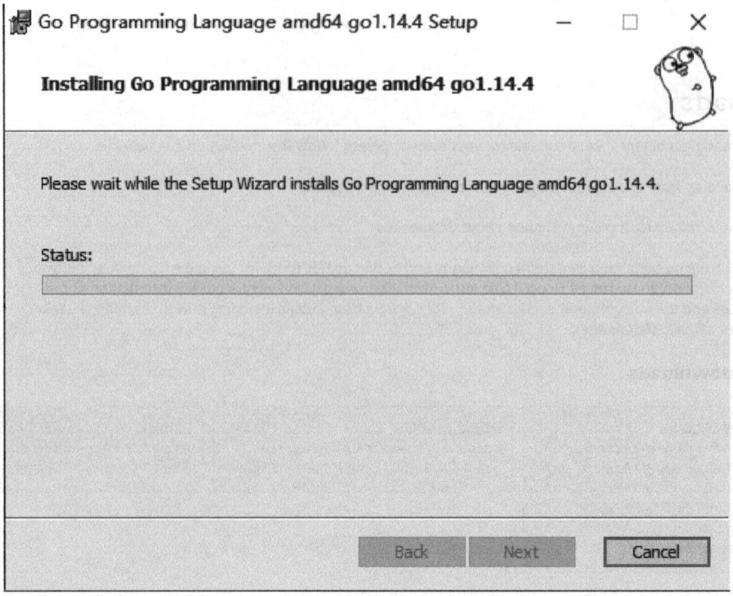

Go Programming Language amd64 go1.14.4 Setup
Installing Go Programming Language amd64 go1.14.4
Please wait while the Setup Wizard installs Go Programming Language amd64 go1.14.4.
Status:
Back
Next
Cancel

图 4-5　Go 语言的安装包正在安装

Go 语言安装包安装完成后，会出现如图 4-6 所示界面。

Go Programming Language amd64 go1.14.4 Setup
Completed the Go Programming Language amd64 go1.14.4 Setup Wizard
Click the Finish button to exit the Setup Wizard.
GO
http://golang.org
Back
Finish
Cancel

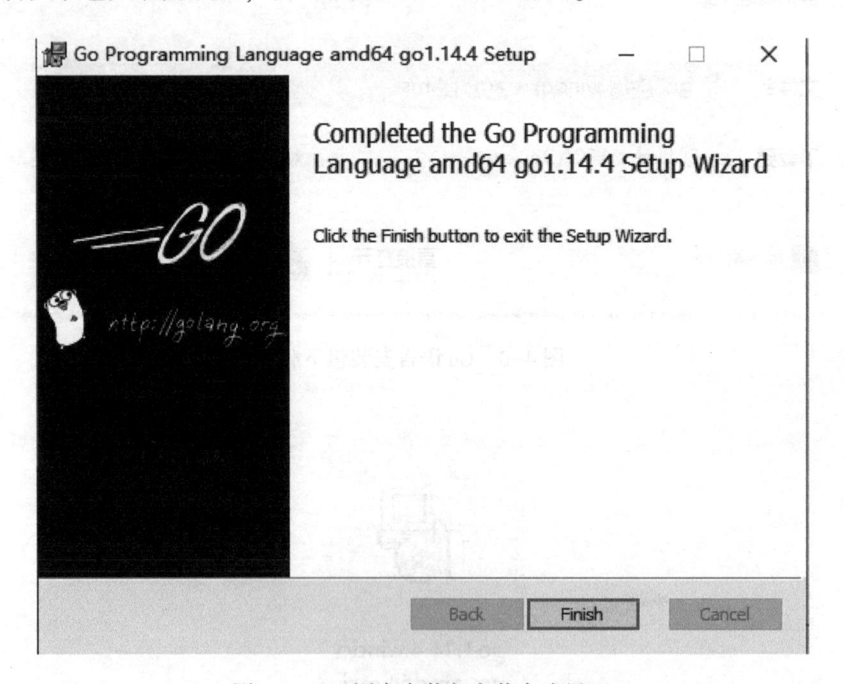

图 4-6　Go 语言安装包安装完成界面

在默认目录下安装 Go 语言安装包。安装完成后，会在 C 盘根目录下出现 Go 语言的安装文件夹，如图 4-7 所示。

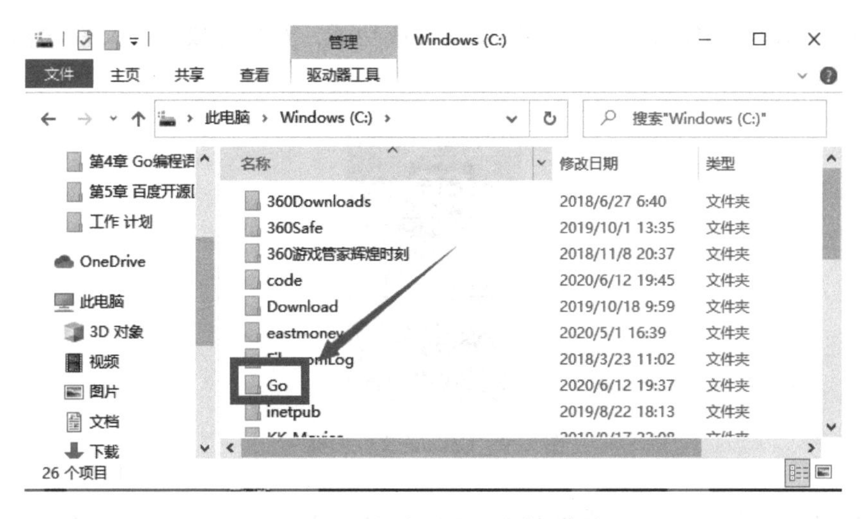

图 4-7　Go 语言环境下安装文件夹

至此，Go 语言环境安装结束。在 Linux 和 Mac 下安装 Go 语言环境的过程类似，这里不再赘述。

4.2.2　Go 语言开发工具的安装

Go 语言的开发工具有很多，常用的有三种，即 GoLand、LiteIDE 和 Eclipse。本书介绍最常用的 Go 语言的开发工具 Goland 的安装与使用。

GoLand 是 Jetbrains 家族的 Go 语言 IDE，有 30 天的免费试用期。安装也很简单，访问 GoLand 的下载页面（https://www.jetbrains.com/go/），根据用户当前的系统环境（Mac、Linux、Windows）下载对应的软件。如图 4-8 所示为 GoLand 的下载界面。

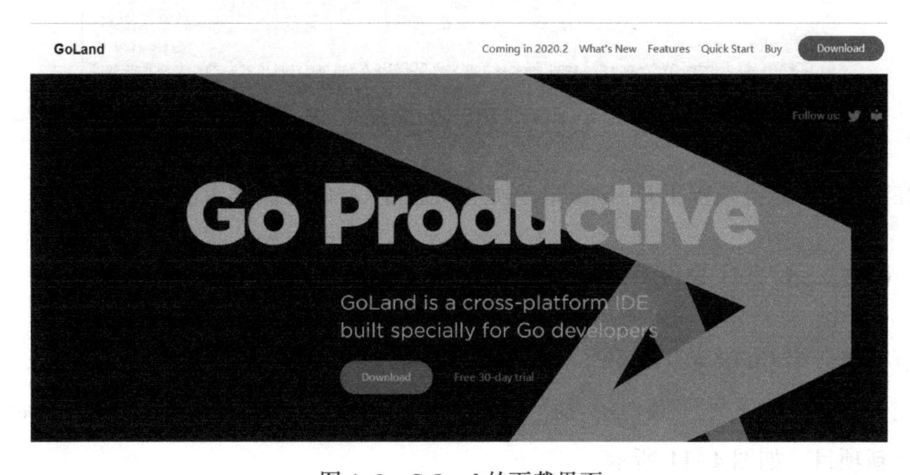

图 4-8　GoLand 的下载界面

下载后，选择自己需要的安装组件就安装成功了，安装完成后的文件图标如图 4-9 所示。

图 4-9　GoLand 文件图标

可以在网上找到一些汉化软件对 GoLand 工具进行汉化，汉化后的 GoLand 工具如图 4-10 所示。

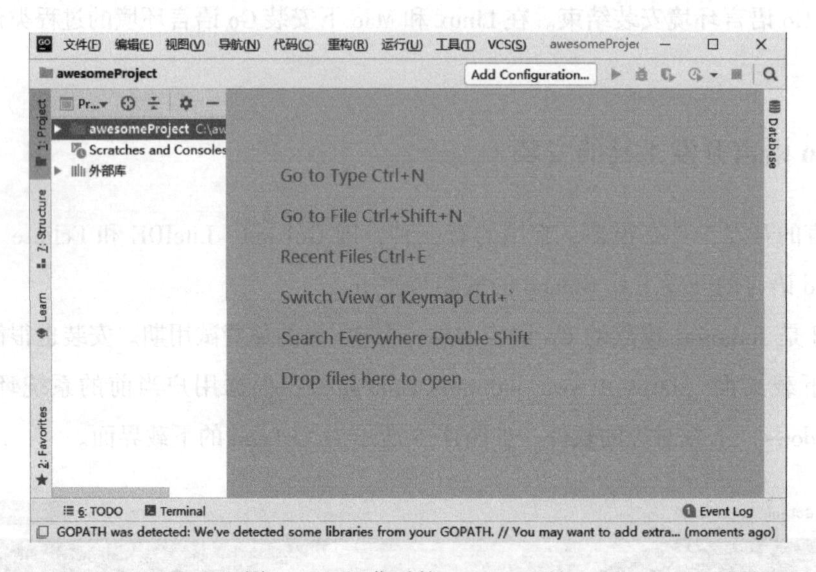

图 4-10　汉化后的 GoLand 工具

现在有了 Go 语言编程工具 GoLand，就可以进行 Go 语言编程了。

4.2.3　GoLand 工具的使用

本节简单介绍 Go 语言开发工具 GoLand 的使用。

首先，需要在“文件”菜单中选择“New”，并且在下一级菜单中选择“Project…”来创建一个新项目，如图 4-11 所示。

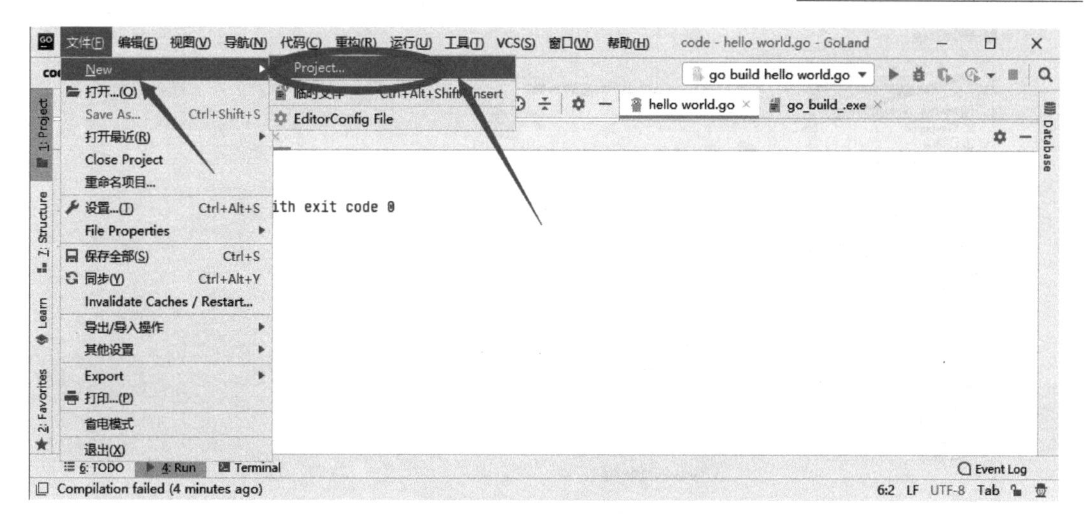

图 4-11　创建新项目

下一步，需要为所创建的项目选择一个目录（尽量选择一个空目录），并单击“Create”完成创建。这样就为项目存储创建了一个目录，如图 4-12 所示。

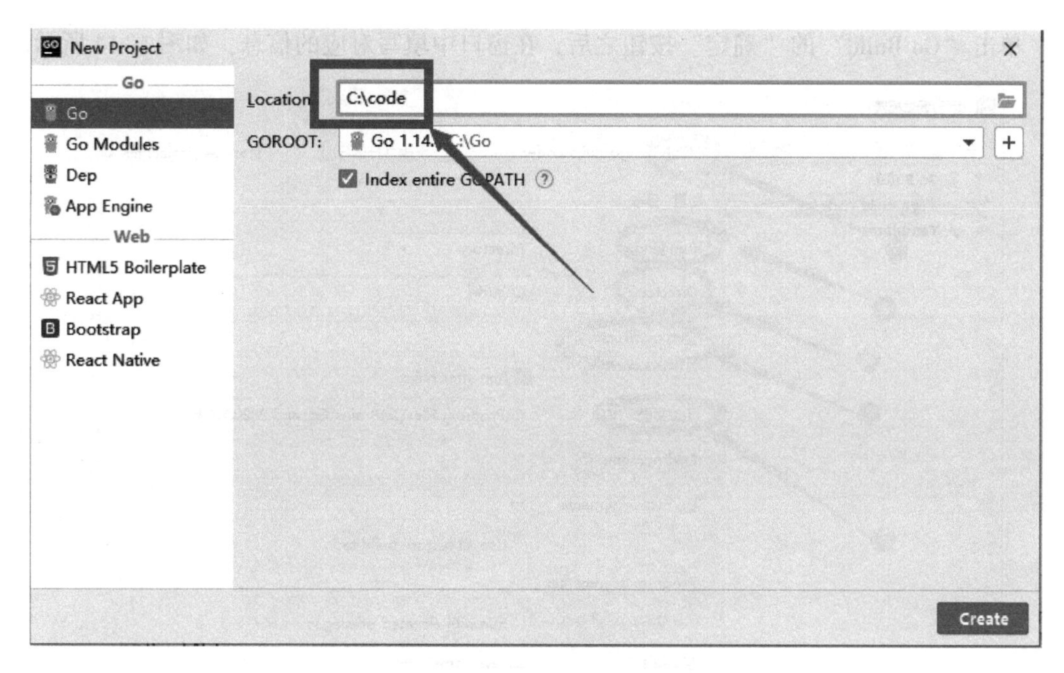

图 4-12　项目存储的目录

每次创建了一个项目后，都需要对 GoLand 工具进行一些配置，在 GoLand 界面的右上方找到“Add Configuration”并单击。如图 4-13 所示，在弹出的窗口中单击“+”，并在下拉菜单中选择“Go Build”命令，再单击“确定”按钮。

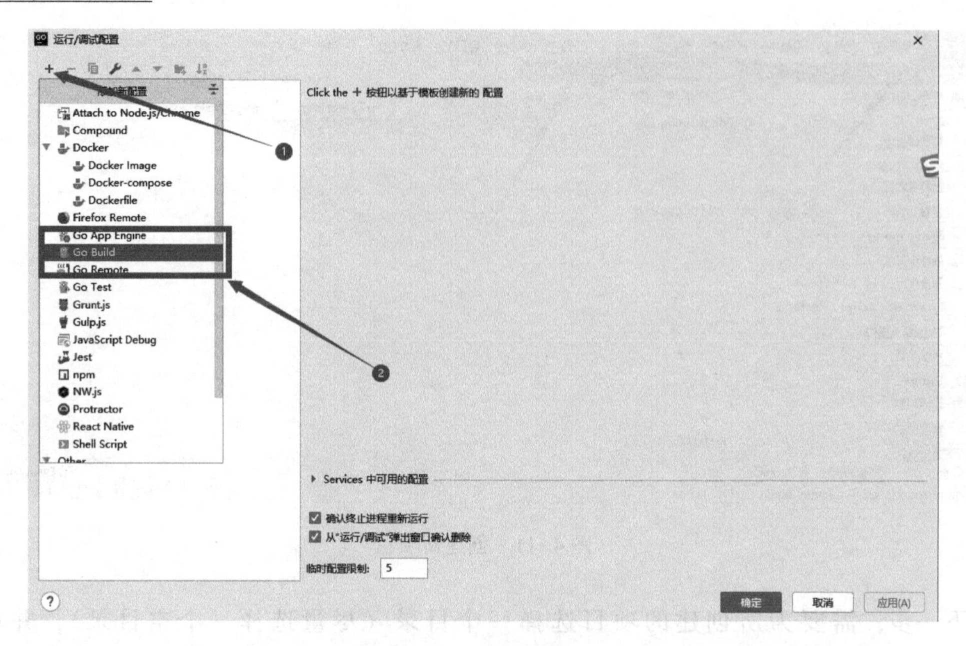

图 4-13　配置窗口

单击“Go Build”的“确定”按钮之后，在窗口中填写对应的信息，如图 4-14 所示。

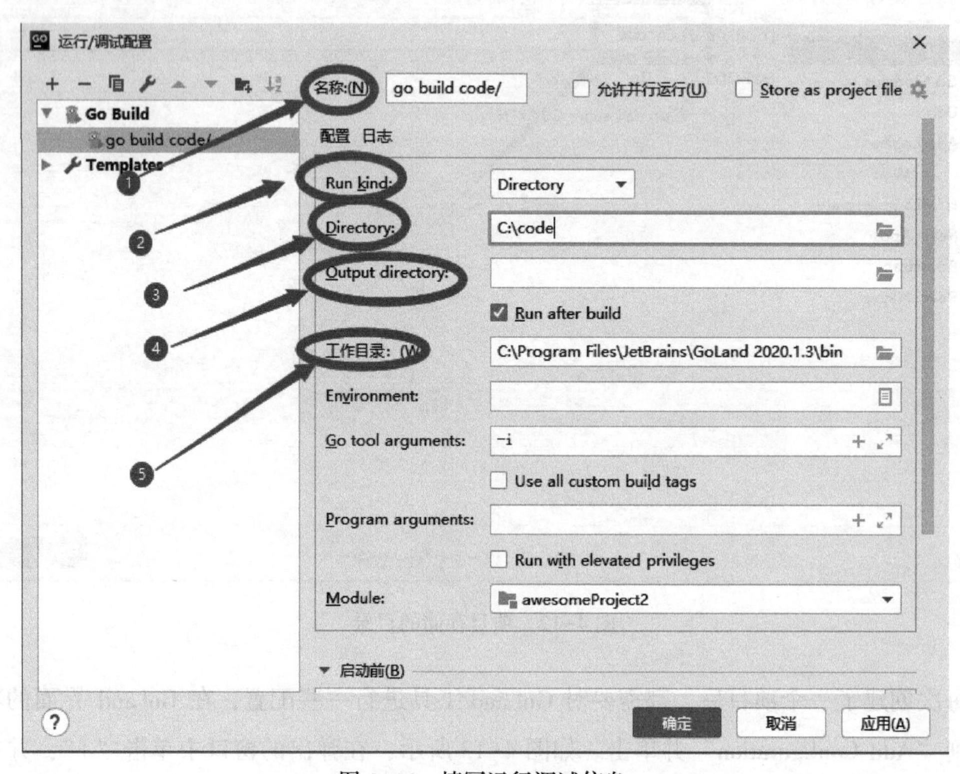

图 4-14　填写运行调试信息

填入运行调试信息的时候要注意以下几点。

1）名称：这是该项目文件的名称，可以自己定义，也可以使用系统默认的设置。

2）Run kind：需要设置为“Directory”。

3）Directory：用来设置 main 包所在的目录，不能为空。

4）Output directory：用来存储编译后生成的可执行文件的存放目录，可以为空，为空时默认不生成可执行文件。

5）工作目录：用来设置程序的运行目录，可以与“Directory”的设置相同，但是不能为空。

除了以上提到的几点外，其余的配置推荐都使用系统的默认值即可，不需要修改。

4.2.4　Hello World

上一节把 GoLand 工具配置好之后，就可以开始在项目文件夹下编写代码了，以建立一个最简单的“Hello World”工程项目作为开始。首先新建一个 Go 的源文件，并在项目文件夹上单击右键，然后在弹出的菜单中找到“新建（N）”，在出现的下一级菜单中单击“Go File”，如图 4-15 所示。

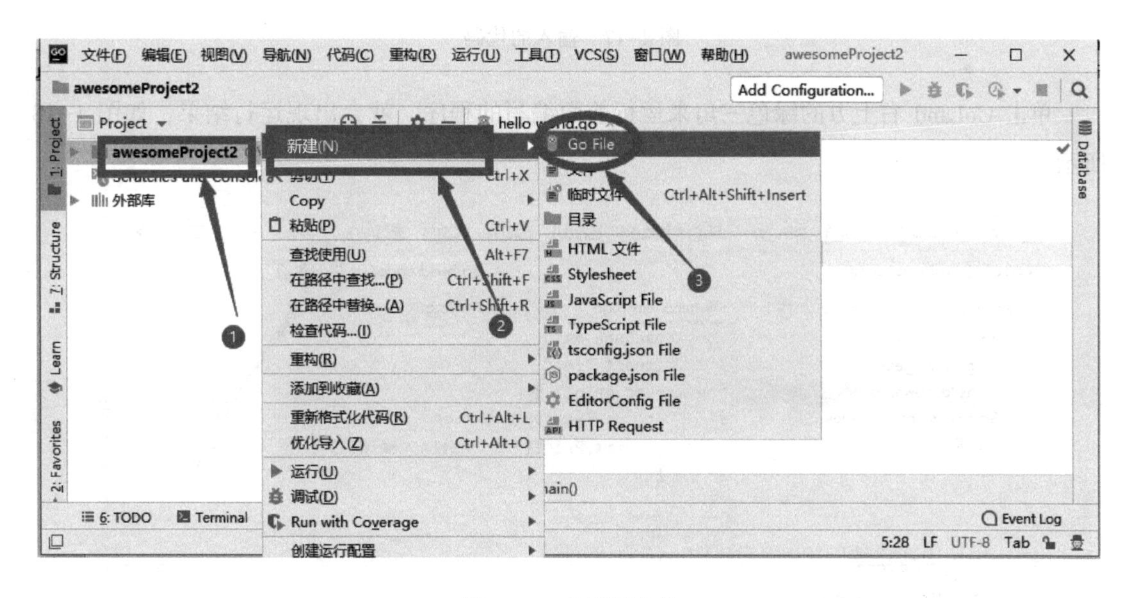

图 4-15　新建源文件

在出现的“New Go File”对话框中输入文件名并选择“Empty file”，然后按〈Enter〉进行确认，如图 4-16 所示。

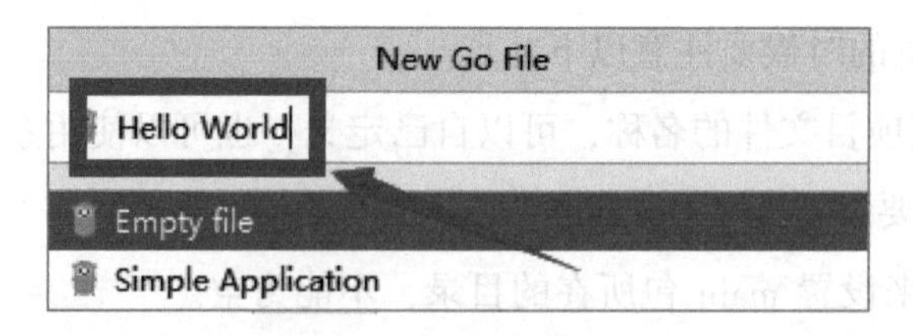

图 4-16　输入文件名

在新创建的“hello world”的 Go 源文件中输入如图 4-17 所示的代码。

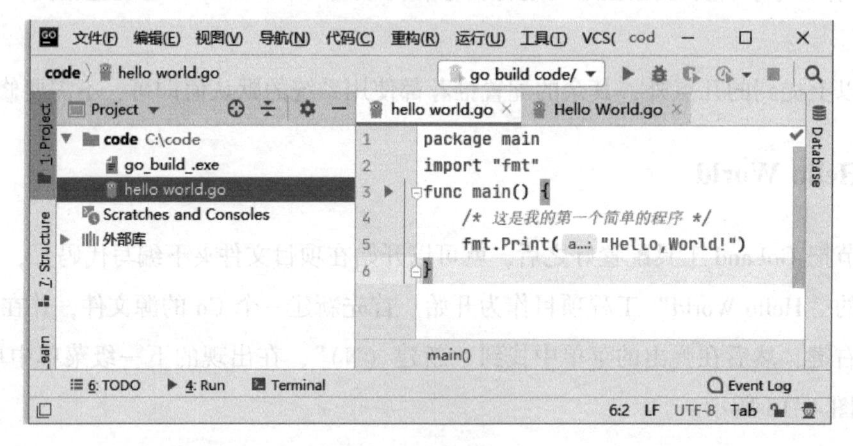

图 4-17　输入的代码

单击 GoLand 右上方的绿色三角来运行前面编写的程序，就会出现运行结果，如图 4-18 所示。

图 4-18　程序与运行结果

至此，第一个完整的用 Go 编程语言编写的程序全部结束，后面可以进行更深入的学习。

4.3　Go 语言编程的基本结构

Go 语言的基础组成包括：包声明、引入包、函数、变量、语句 & 表达式、注释等。以上一节的第一个 Go 程序“Hello，World”为例，程序如下。

```
package main
import "fmt"
func main() {
    /*这是我的第一个简单程序*/
    fmt.Print(a...:"Hello, World!")
}
```

第 1 行代码 package main 定义了包的名称。Go 语言要求必须在源文件中非注释的第 1 行指明这个文件属于哪个包，例如 package main。package main 表示一个可以独立执行的程序，每一个 Go 应用程序都包含一个名为 main 的包。

第 2 行代码 import "fmt" 告诉 Go 编译器，这个程序要包含 fmt 包（其函数或其他元素），fmt 包的功能主要是实现 I/O（输入/输出）。

第 3 行代码 func main() 是程序开始执行的真正函数。main 函数和 C 语言一样，是每个程序开始的时候必须包含的函数，是程序开始执行的第一个函数。

第 4 行代码 /*...*/ 是注释，在程序执行时会被忽略。注意这种注释不可以嵌套使用。

第 5 行代码 fmt.Print()是将字符串输出。如果想换行也可以加上“\n”，如 fmt.Print("Hello，World\n")。这个函数也可以输出变量，如 fmt.Print(vari)，是将变量 vari 输出到控制台。

如果标识符（包括常量、变量、函数名、类型、结构字段等）是用一个大写字母开头，如 Block1，那么使用这种形式的标识符的对象就可以被外部包的代码所使用（客户端程序需要先导入这个包），这被称为导出；标识符如果以小写字母开头，则对包外是不可见的，但是它们在整个包的内部是可见并且可用的。

本节主要介绍 Go 语言最基本的编程结构。Go 语言更为深层次的编程方法（包括变量、循环、数组、切片、错误处理、并发等）可以购买Go语言编程相关书籍或在网上查找相关资料，本书不再赘述。

4.4 Go语言语法进阶

Go语言语法具有特定的规范，这里介绍关键字、控制结构、内建函数、函数和包等的语言语法。

4.4.1 Go语言的关键字

Go语言的关键字有25个，即break、default、func、interface、select、case、defer、go、map、struct、chan、else、goto、package、switch、const、fallthrough、if、range、type、continue、for、import、return、var。

其中部分关键字释义如下。

1）var和const用于变量和常量的声明。

2）package和import用于导入。

3）func用于定义函数和方法。

4）return用于从函数返回。

5）defer someCode在函数退出之前执行。

6）go用于并行。

7）select用于选择不同类型的通信。

8）interface用于定义接口。

9）struct用于定义抽象数据类型。

10）break、case、continue、for、fallthrough、else、if、switch、goto、default用于流程控制。

11）chan用于channel通信。

12）type用于声明自定义类型。

13）map用于声明map类型数据。

14）range用于读取slice、map、channel数据。

4.4.2　Go语言的控制结构

在Go语言中只有几个控制结构。例如这里没有do-while循环，只有for语句。有switch和if语句，而switch语句接受像for语句那样可选的初始化语句。还有叫作类型选择和多路通信转接器的select。语法有所不同（同C相比）：无需圆括号，而语句体必须总是包含在大括号内。

1）Go语言中的if语句。

```
if x > 0 {
    return y
} else {
    return x
}
```

鼓励将简单的if语句写在多行上，无论如何，这都是一个很好的形式，尤其是在语句体中含有控制语句的情况下，例如return或者break。

2）goto语句：用goto跳转到当前函数内定义的标签。例如假设如下的一个循环，其中，标签名是大小写敏感的。

```
Func myfunc() {
        i:=0
Here:                       // 本行的第一个词,以冒号结束作为标签
        println(i)
        i++
        goto Here           // 跳转
}
```

3）Go语言的for循环语句有三种形式，其中只有第一种使用分号。

```
for init; condition; post { }        // 和C语言的for语句一样
for condition  { }                   // 和while语句一样
for { }                              // 死循环
```

由于Go语言没有逗号表达式，而“+”和“-”是语句而不是表达式，如果想在for语句中执行多个变量，则应当使用平行赋值。

```
// Reverse a
for i, j :=0, len(a)-1; i<j; i, j =i+1, j-1 {
    a[i], a[j] = a[j], a[i]   // 平行赋值
}
```

4）break 语句和 continue 语句：利用 break 语句可以提前退出循环，终止当前的循环。

5）range 语句：range 关键字可用于循环。它可以在 slice、array、string、map 和 channel 等函数中使用。range 是个迭代器，当被调用的时候，从它循环的内容中返回一个键值对。基于不同的内容，range 会返回不同的东西。当对 slice 或者 array 做循环时，range 返回序号作为键，这个序号对应的内容作为值。

6）Go 语言的 switch 语句非常灵活。表达式不必是常量或整数，执行的过程从上至下，直到找到匹配项，而如果 switch 语句没有表达式，它会匹配 true。这产生了一种可能——使用 switch 语句编写 if-else-if-else 判断序列。

4.4.3 Go 语言的内置函数

Go 语言中内置了许多函数，对这些函数的解释说明见表 4-1。

表 4-1 Go 语言的内置函数的解释说明

函数名	说明	备注
close	关闭 channel	仅用于 channel 通信
delete	从 map 中删除实例	map 操作
len	返回字符串、slice 和数组的长度	可用于不同的类型
cap	返回容量	可用于不同的类型
new	内存分配	用于各种类型
make	内存分配	仅用于 chan/slice/map
copy	复制 slice	slice 操作
append	追加 slice	slice 操作
panic	报告运行时问题	异常处理机制
recover	处理运行时问题	异常处理机制
print	内建打印函数	主要用于不引入 fmt 的时候的调试，实际使用时建议使用标准库 fmt
complex	构造复数类型	复数操作
real	抽出复数的实部	复数操作
imag	抽出复数的虚部	复数操作

4.4.4　Go 语言的函数

假定一个函数的定义如下。

```
func (p mytype) funcname(q int)(r, s, int) { return, 0, 0}
```

1）关键字 func 用于定义一个函数。

2）函数可以绑定到特定的类型上，这叫作接收者，有接收者的函数被称作 method。

3）funcname 是函数的名字。

4）int 类型的变量 q 作为输入参数，参数用 pass-by-value 方式传递，意味着它们会被复制。

5）变量 r 和 s 是这个函数的命名返回值，在 Go 语言的函数中可以返回多个值。如果不想对返回的参数命名，只需要提供类型：（int，int）。如果只有一个返回值，可以省略圆括号。如果函数是一个子过程，并且没有任何返回值，也可以省略这些内容。

6）这是函数体。注意 return 是一个语句，所以包裹参数的括号是可选的。

（1）作用域

在 Go 语言中，定义在函数外的变量是全局的，那些定义在函数内部的变量对于函数来说是局部的。如果命名覆盖（一个局部变量与一个全局变量有相同的名字），在函数执行的时候，局部变量将覆盖全局变量。

（2）多值返回

Go 语言一个非常特别的特性（对于编译语言而言）是函数和方法可以返回多个值（Python 和 Perl 同样也可以）。这可以用于改进许多在 C 程序中不太好的惯例用法：修改参数的方式、返回一个错误（例如遇到 EOF 则返回-1）。在 Go 语言中，Write 返回一个计数值和一个错误“是的，你写入了一些字节，但是由于设备异常，并不是全部都写入了”。os 包中的 *File. Write 的声明方式如下。

```
func (file *File) Write(b []byte) (n int, err error)
```

如同文档所述，它返回写入的字节数，并且当 n != len (b) 时，返回非 nil 的 error（错误）。这是 Go 语言中常见的方式。元组没有作为原生类型出现，所以多个返回值可能是最佳的选择。用户可以精确地返回希望的值，而无须重载域空间到特定的错误信号上。

（3）命名返回值

Go 函数的返回值或者结果参数可以指定一个名字，并且像原始的变量那样使用，就像输入参数那样。如果对其命名，在函数开始时，即用其类型的零值初始化。如果函数在不加参数的情况下执行了 return 语句，会返回结果参数。利用这个特性，允许（再一次的）用较少的代码做更多的事。

（4）回调

由于函数也是值，所以可以很容易地传递到其他函数里，然后可以作为回调。

（5）恐慌（panic）和恢复（recover）

Go 语言没有像 Java 语言那样的异常机制，例如用户无法像在 Java 语言中那样抛出一个异常。作为替代，它使用了恐慌和恢复（panic and recover）机制。

panic 是一个内建函数，可以中断原有的控制流程，进入一个令人恐慌的流程中。当函数 F 调用 panic 时，函数 F 的执行会被中断，并且 F 中的延迟函数会正常执行，然后 F 返回到调用它的地方。在调用的地方，F 的行为就像调用了 panic。这一过程继续向上，直到程序崩溃时的所有 goroutine 返回。恐慌可以由直接调用 panic 产生，也可以由运行时的错误产生，例如访问越界的数组。

recover 是一个内建的函数，可以让进入恐慌的流程中的 goroutine 恢复过来。recover 仅在延迟函数中有效，在正常的执行过程中，调用 recover 会返回 nil 并且没有其他任何效果。如果当前的 goroutine 陷入恐慌，调用 recover 可以捕获到 panic 的输入值，并且恢复正常的执行。

4.4.5 Go 语言的包

包是函数和数据的集合。用 package 关键字可以定义一个包，文件名不需要与包名一致，包名使用小写字母来表示。Go 语言的包可以由多个文件组成，但是使用相同的 package <name> 这一行。在文件 even. go 中定义一个叫作 even 的包，其结构如下。

```
package even                    // 开始自定义的包
func Even(i int) bool {         // 可导出函数
    return i % 2 == 0
}
func odd(i int) bool {          // 私有函数
    return i % 2 == 1
}
```

名称以大写字母起始的是可导出的，可以在包的外部调用。现在只需要构建这个包，即在$GOPATH 下建立一个目录，复制 even. go 到这个目录。

```
% mkdir $GOPATH/src/even
% cp even.go $GOPATH/src/even
% go build
% go install
```

现在就可以在程序 myeven. go 中使用这个包，过程如下。

```
package main
import (
    "even"
    "fmt"
)
func main() {
    i := 5
    fmt.Printf("Is %d even? %v\n",i, even.Even(i))
}
```

1）import 表示导入下面的包。

2）"even"表示本地包 even 在这里导入。

3）"fmt"表示官方 fmt 包导入。

4）fmt. Printf("Is %d even? %v\n",i,even. Even(i))表示调用 even 包中的函数。访问一个包中的函数的语法是 <package>. Function()。

在 Go 语言中，当函数的首字母是大写的时候，函数会被从包中导出（在包外部可见，或者说是公有的），因此函数名是 Even。如果修改 myeven. go 的第 8 行，使用未导出的函数 even. odd，则该句如下。

```
fmt.Printf("Is %d even? %v\n", i, even.odd(i))
```

由于使用了私有的函数，会得到一个编译错误如下。

```
myeven.go:10: cannot refer to unexported name even.odd
```

概括来说，公有函数的名字以大写字母开头，私有函数的名字以小写字母开头。

标准的 Go 代码库中包含了大量的包，并且在安装 Go 语言的时候多数会一起安装。浏览 $GOROOT/src/pkg 目录并且查看哪些包对用户来说会非常有启发。Go 语言常用的包如下。

1）fmt：fmt 包实现了格式化的 I/O 函数，这与 C 语言的 printf 和 scanf 类似。格式化短语 派生于 C，一些短语（%-序列）的使用方式如下。

① %v：默认格式的值。当打印结构时，“+”（%+v）会增加字段名。

② %#v：Go 样式的值表达。

③ %T：带有类型的 Go 样式的值表达。

2）io：这个包提供了原始的 I/O 操作界面。它主要的任务是对 os 包这样的原始的 I/O 进行封装，增加一些其他相关功能，如使其具有抽象功能，并用在公共的接口上。

3）bufio：这个包实现了有缓冲的 I/O。它封装于 io. Reader 和 io. Writer 对象，创建了另一个对象（Reader 和 Writer），在提供缓冲的同时实现了一些文本 I/O 的功能。

4）sort：sort 包提供了对数组和用户定义集合的原始的排序功能。

5）strconv：strconv 包提供了将字符串转换成基本数据类型，或者从基本数据类型转换为字符串的功能。

6）os：os 包提供了与平台无关的操作系统功能接口，其设计是 UNIX 形式的。

7）sync：sync 包提供了基本的同步原语，例如互斥锁。

8）flag：flag 包实现了命令行解析。

9）encoding/json：encoding/json 包实现了编码与解码 RFC4627 定义的 JSON 对象。

10）html/template：数据驱动的模板，用于生成文本输出，例如 HTML。将模板关联到某个数据结构上进行解析。模板内容指向数据结构的元素（通常结构的字段或者 map 的键），用以控制解析并且决定某个值会被显示。模板扫描结构以便于解析，而“游标@”决定了当前位置在结构中的值。

11）net/http：net/http 包实现了 HTTP 请求、响应和 URL 的解析，并且提供了可扩展的 HTTP 服务和基本的 HTTP 客户端。

12）unsafe：unsafe 包包含了 Go 程序中数据类型上所有不安全的操作。通常无须使用这个包。

13）reflect：reflect 包实现了运行时反射，允许程序通过抽象类型操作对象。通常用于处理静态类型 interface{} 的值，并且通过 Typeof 解析出其动态类型信息，通常会返回一个有接口类型 Type 的对象。

14）os/exec：os/exec 包用来执行外部命令。

4.5　思考题

1. 什么是 Go 语言？
2. 为什么说 Go 语言是非常有潜力的编程语言？
3. Go 语言与 C 语言相比有什么特点？
4. Go 语言与 Java 语言相比有什么特点？
5. Go 语言自身的特点有哪些？
6. Go 语言编程的基本结构是什么？
7. Go 语言环境配置都需要什么？
8. 简述 GoLand 工具的使用方法。
9. Go 语言的控制结构有什么特征？
10. Go 语言的函数构造有什么特点？

第5章 百度超级链介绍

本章主要介绍了百度公司开源的区块链 XuperChain 基础开发平台，以便于编程人员更好地利用百度超级链平台进行区块链应用系统开发。

百度超级链开源技术是百度自主研发创新的产物，拥有链内并行技术、可插拔共识机制、一体化智能合约等业内领先技术，让区块链应用搭建更灵活、性能更高、安全性更强，全面赋能区块链开发者。

5.1 百度超级链概述

百度公司基于持续多年在区块链技术与应用领域的研究与探索，推出了完全自主知识产权的区块链底层技术——超级链（XuperChain）。在核心技术层面，超级链以“自主可控”“开源”为主要目标，响应国家政策，旨在打破国外技术在区块链技术领域的垄断；2019 年 5 月，超级链正式开源，现已成为国内最具影响力的区块链开源技术之一。在产品层面，超级链陆续推出了符合用户多种需求的云端与本地化两套区块链部署方案、提供区块链基础服务网络的超级链“开放网络”、兼具法律效力与使用便捷性的可信存证服务，以及基于超级链在司法、版权、政务、溯源、金融等落地成熟经验打造的 6 大行业 20 余个解决方案。

5.1.1 超级链的架构

超级链的架构图如图 5-1 所示。超级链在架构上分为超级链技术层和区块链服务管理层，超级链技术层包括 6 大组件：共识机制、分布式账本、账户和权限、密码学和安全、P2P 网络、智能合约。区块链服务管理层包括 6 大子系统，主要面向用户，包括网络部署、网络管理、节点管理、智能合约管理、用户权限安全、BI 系统。

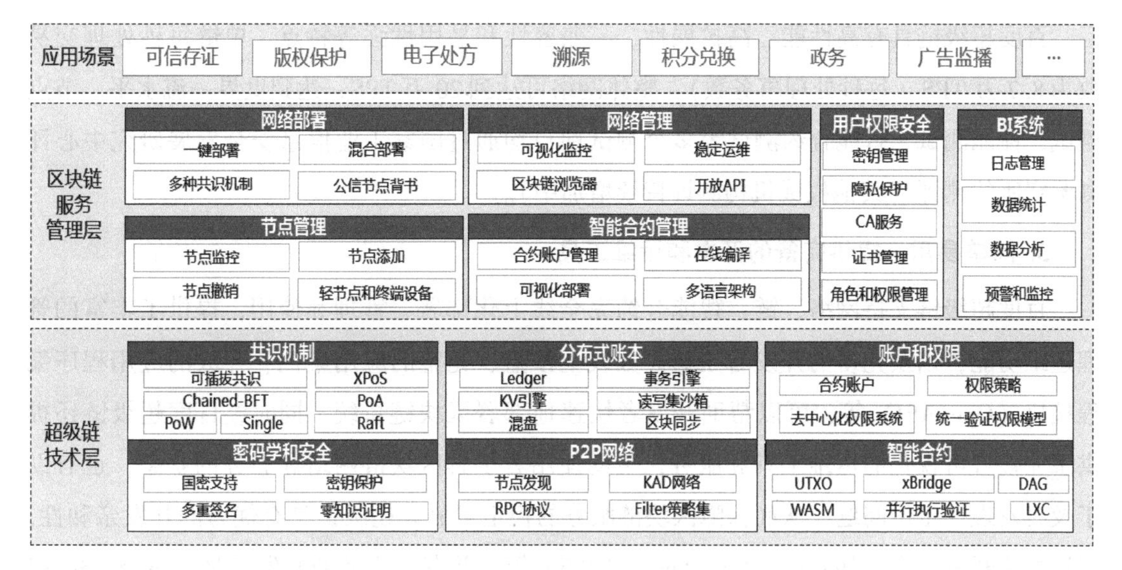

图 5-1　超级链的架构

XuperChain 的百度自研底层区块链技术包括超级节点技术、链内并行技术、立体网络技术、账户权限系统、可插拔共识机制、一体化智能合约。超级链分为用户态和内核态，XuperBridge 是链接用户态和内核态的桥梁，它对上支持不同的合约虚拟机，也支持用户自己定义的虚拟机，向下可以隔离内核态的接口，并对用户提供统一、开放的接口。

5.1.2　超级链的技术优势

百度超级链具有如下技术优势。

1. 自主可控，中国国情

百度始终坚持区块链核心技术的自主研发和创新，已经拥有 260 余个（截至 2020 年 6 月）基于核心、底层区块链技术的自主知识产权专利。在加密技术、共识算法、智能合约、权限账户等核心技术上具有技术独创性。超级链在安全性上具备显著的优势，支持国密算法，满足“等保三级”等多项国家要求及安全标准。超级链支持国家监管，可实现多中心化监管，白名单机制设置监管账户，包括事务链上合规检查、合约封禁、数据可擦写、可屏蔽等功能。超级链具有创新的超级节点架构、链内并行技术、可回归侧链技术及平行链管理等区块链底层技术，在技术和结构的设计上具备安全、可管、可控的特点，形成了完备的安全管理体系。

2. 性能卓越，行业领先

百度超级链具有高性能、高扩展性、高兼容性和易用性强等特点，单链每秒处理交易数为8.7万TPS（每秒处理事务数），整体网络可达到20万TPS，达到世界一流水平。节点测试、性能测试、智能合约测试等多个测试项目均通过国家工业信息安全发展研究中心评测鉴定所的测评（其他权威机构测评持续增加中）。

3. 简单易用，提供完备的开发和运维工具

百度超级链支持网络、链、智能合约完全线上化部署、管理和使用，提供了丰富的管理运维功能，以及完备的开发者工具。如线上沙盒、完整的应用案例、开放的应用程序编程接口（OpenAPI）等，可以帮助开发者快速地部署区块链系统。同时，百度超级链还提供了完整且可视化的运维工具和服务，帮助使用者了解区块链网络和服务的状态，也有助于及时发现并定位问题，从而保障区块链服务的稳定可靠。超级链具有优秀的开发亲和性，支持主流开发语言，如C++、Go、Java、Solidity等，并有专业辅助开发工具XuperStudio提供工程支持。

4. 独有技术，拓展现有区块链使用边界

超级链作为国内技术栈最完备的团队，拥有联盟链、合规公链技术。同时，通过对“区块链+”的积极探索，超级链推出了可信计算（XuperData）、边缘计算（XuperEdge）、IOT（XuperLight）三大区块链与前沿技术的完美融合。另外，为解决复杂商业场景下链与链之间缺乏统一的互联互通机制这一难题，百度超级链推出了独有的跨链技术。

5. 诚意开源，国内开发者最具影响力的开源技术

2019年5月，百度超级链正式开源，把链内并行技术、可插拔共识机制、账户权限系统、一体化智能合约四大核心专利技术开源，提供Go、C#、Python、Java等多语言的SDK，易用性大幅提升，受到了开发者的广泛追捧与好评。开源以来，超级链团队始终保持高频迭代，在知名技术社区GitHub上“star”数遥遥领先。超级链拥有上百人的稳定研发团队，并建立了7×24 h服务的开源服务社区，通过微信群、邮件组、直播间等方式第一时间解答用户面临的各种技术问题。

5.1.3 超级链的网络生态

通过XuperChain网络创建区块链需要冻结超级燃料。在系统稳定运行一段时间后，冻结的超级燃料会按照一定比例分配给为该区块链提供资源和服务的节点。平行链持有者为了保证区块链正常运作，应该定期补充冻结一定比例的超级燃料。Root 链是管理平行链和解决跨链的关键，Root 链的每一次 API 调用，都要消耗超级燃料。因此，超级燃料将作为 XuperChain 使用者支付使用费用的途径，也是当下 XuperChain 的主要商业化途径。同时，XuperChain 已经在 Xuper 联盟内部开源，且于 2019 年上半年向全社会开源。

XuperChain 构建了未来 DApp 运行的基础网络。一个完整的区块链生态体系需要提供一个窗口，以连接用户和区块链网络。因此推出了基于百度区块链生态的超级链 App，如图 5-2 所示。超级链 App 是 DApp 的终端运行平台，是用户发现并使用 DApp 的入口。开发者可以通过超级链开发者平台快速创建和发布自己的 DApp，并发行到超级链 App 中，用户无需下载即可在超级链 App 中使用所有的 DApp 提供的服务。生态内的 DApp，通过内容与服务推荐，可以精准地连接开发者与用户，致力于打造自治共荣的区块链分发生态服务。基于区块链的 DApp 无法简单直连服务器，因为单独一个网络节点无法被客户端信任，所以在 XuperChain 上运行的 DApp 都是通过轻量级节点实现去中心运行的。XuperChain 提供 DApp 运行的最基本的轻量级节点支持，让开发者可以像开发 Web 程序一样开发 DApp。

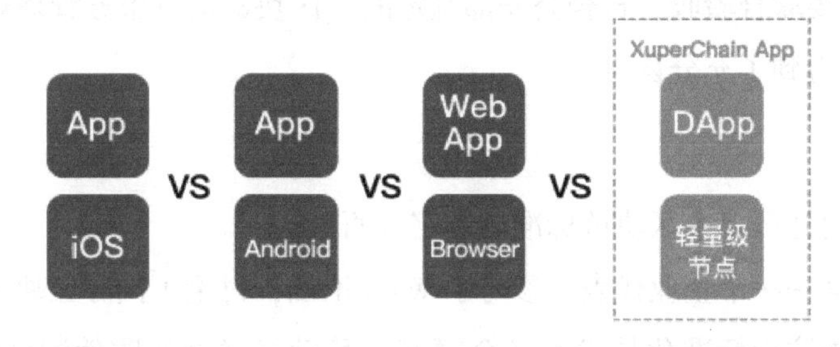

图 5-2　超级链 App

在教育领域，浙江正元智慧科技股份有限公司基于百度超级链开放网络推出首个智慧校园 DApp“易校园”，将校园二维码交易记录存证，可信数据方便了学生、教师、商家查询和对账。易校园还在打造全场景数据存证、智能数据分析平台，进而改进产品体验、提供更优质的服务。易校园上链可以解决校园行业当下的痛点，提供更安全的数据共享、依据数据公信力提升品牌信誉，探索新的共享方式。知链科技使用百度超级链开放网络作为实训平台，为全国百所高校提供了基于真实环境的区块链教学体验。学生可以使用开放网络完成智能合约的开发和调用，并在链上存证课程成绩和证书。包括中国传媒大学在内的多所高校也已经将超级链开放网络作为实训平台，开设了区块链教学课程。

5.1.4 超级链的荣誉与成就

超级链 XuperChain 近年来也获得了业界广泛的认可，并获得了一些荣誉与成就。

1. 通过国家工业信息安全发展研究中心评测鉴定所的测试

2019年中，超级链通过了国家工业信息安全发展研究中心评测鉴定所的安全性、功能性和性能测试。该测试对百度超级链的基本功能、账户安全创建、数据一致性、查询授权、平台认证、密钥安全等方面进行了测试。

2. 通过中国电子技术标准化研究院的测试

2019年12月，超级链 v3.4 系统获得了中国电子技术标准化研究院的区块链功能测试证书。同期，超级链 v3.4 系统获得了中国电子技术标准化研究院颁布的区块链系统性能测试证书。

3. 通过四部委联合验收

2019年初，基于超级链的百科区块链信息溯源项目通过了公安部、中央网信办、工信部、人民银行四部委联合验收，符合公安部制定的《区块链信息服务管理规定》，超级链的安全、可管、可控得到了充分认可。

4. 荣誉记录

1）参与了国内外区多个区块链标准的制定（百度）。

2）作为中国唯一一个企业代表，参与了 WTO 论坛，讨论了国际区块链标准的制定。

3）参与了全国防伪标准化技术委员会《基于移动互联网的防伪溯源验证通用技术条件》国家标准的制定。

4）参与了北京互联网法院发布的“天平链应用接入技术及管理规范”的制定。

5）是多个行业组织的发起单位或成员单位。

6）工业和信息化部国家工信安全中心（电子一所）区块链实验室的重要成员单位。

7）中国信通院可信区块链推进计划的副理事长单位。

8）工信部下中国区块链技术和产业发展论坛的副理事长单位。

9）Hyperledger 超级账本的董事会成员。

超级链 XuperChain 的荣誉与成就历程如图 5-3 所示。

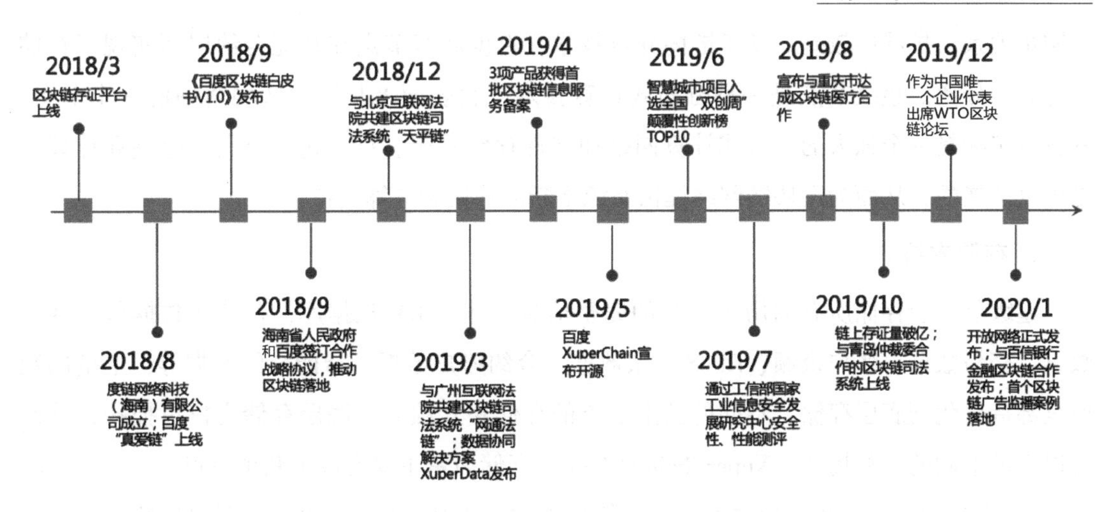

图 5-3　超级链 XuperChain 的荣誉与成就历程

5.2　XuperChain 核心技术

百度 XuperChain 区块链核心技术包括 6 个方面，分别是超级节点技术、链内并行技术、立体网络技术、账户权限系统、可拔插共识机制、一体化智能合约。XuperChain 底层核心技术如图 5-4 所示。

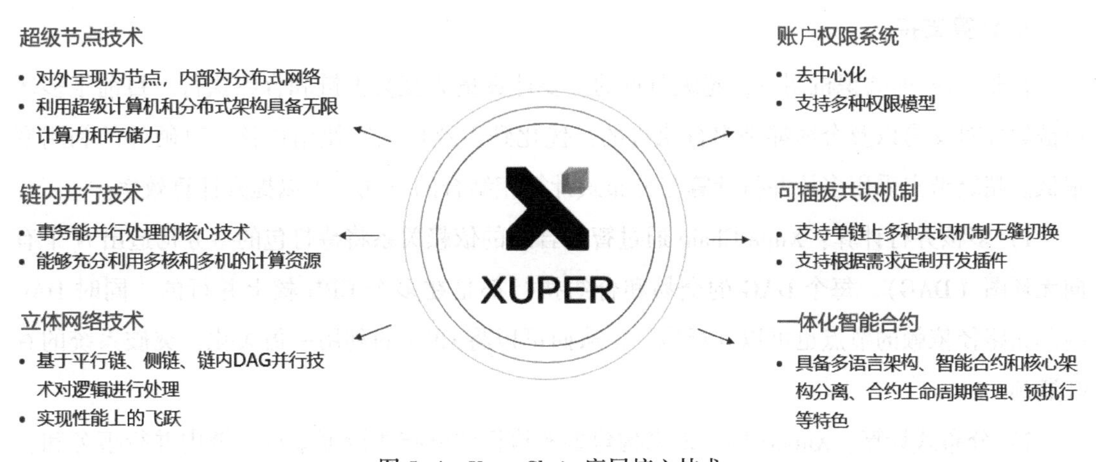

图 5-4　XuperChain 底层核心技术

5.2.1　超级节点技术

现有的区块链无论是存储还是计算，都是在单个计算机上完成的，多个计算机之间只是同步关系，扩展性较差。基于链内并行技术，百度超级节点在智能合约层面实现了存储和计算的分离。超级节点是一种分布式计算技术，它表面上是区块链网络中的一个节点，其背后实际是一个强大的分布式计算网络和文件存储系统。每个超级节点的存储和计算都是可以扩展的，从而为区块链网络提供源源不断的存储和计算支持。

1. 存储支持

超级节点会存储所有的历史事务的完整信息。基于 KV 数据库，存储的数据包括区块数据、交易数据、账户余额、DPoS 投票数据、合约账户数据、智能合约数据等，上链的数据全部持久化到底层存储。不同的链上节点的存储相互独立。底层存储支持可插拔，从而可以满足不同的业务场景。XuperChain 底层 KV 存储引擎主要有以下几个特点。

1）事务性表格系统：通过前缀编码的平展化，支持多链+多表，且能保证跨链事务的原子性。

2）多盘技术：实现 KV 存储引擎到底层文件系统的虚拟映射层，支持单机多盘存储，从而支撑大容量数据存储。

3）混盘技术：实现冷热数据自适应调度，将低频数据存储在 SATA 介质或者云存储，高频数据存储在 SSD 介质。

4）云优化：实现 DFS 适配层，支持分布式文件系统，存储容量理论上可以扩展到 PB 级别。结合混盘调度技术，能够保证性能最优。

2. 计算支持

在非 PoW 的共识机制下，超级节点的主要计算量为交易上链和合约执行。目前很多区块链软件对交易以及合约都是串行执行的，优化到极致也只能使用单核，对硬件的利用率很低。超级节点采用多核并行计算与分布式计算相结合的方式，可以提升计算效率。

1）多核并行计算：XuperChain 通过智能合约的依赖关系将待打包的事务构造出 N 个有向无环图（DAG）。每个 DAG 的交易和合约执行都是在多个 CPU 核上并行的，同时 DAG 内部无路径依赖的节点也可以并行执行，从而可以将 CPU 的利用率最大化，突破系统的吞吐瓶颈。

2）分布式计算：XuperChain 未来构建事务执行的分布式调度集群，链内并行事务和多链事务可以分发给调度集群执行，从而利用分布式计算的扩展能力来提升计算效率。

5.2.2 立体网络技术

XuperChain 是一个支持平行链和侧链的区块链网络。基于平行链、侧链、链内

DGA 并行技术构建了立体网络技术构架。除了单链上的优化，XuperChain 也大量尝试了多链及跨链的方案，包括可回归侧链等，从而使整个系统的性能得到了质的飞跃。在立体网络中，有许多条平行链，他们之间都是相互平行的，除了一条特殊的链——Root 链。Root 链负责管理网络的其他平行链，并供跨链服务。平行链中的主链可以延伸出许多侧链，让复杂的智能合约在侧链执行，从而不用消耗主链的资源，有效提升了并行计算能力。

1. 平行链技术

在 XuperChain 的网络里面有大量的平行链，它们通过 Root 链管理起来，平行链之间是相互平等独立的，如图 5-5 所示。Root 链和平行链形成了一个真实、独立存在的区块链网络，把这个网络叫作立体网络。立体网络上通过 Root 链创建的平行链，可以选择是公开链，也可以选择是联盟链（仅成员可见）。

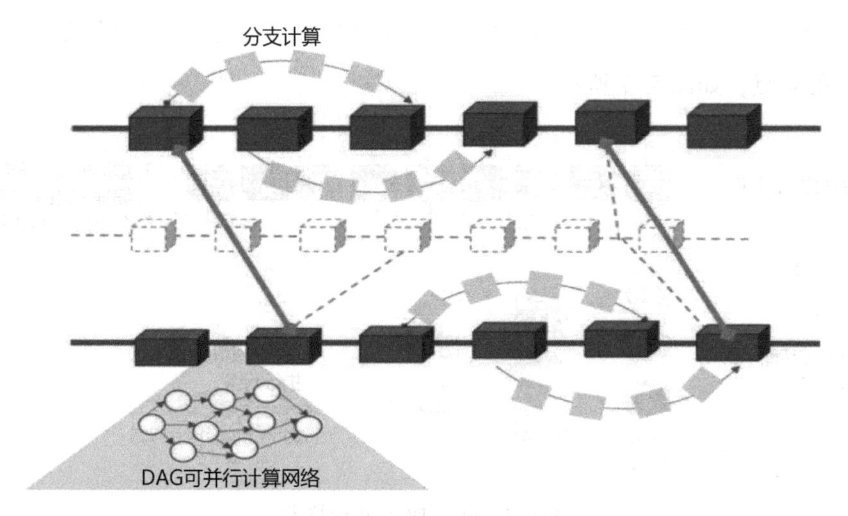

图 5-5　平行链技术

2. 可回归侧链技术

在很多场景下，并不需要把所有的事务都集中在主链上运行。比如一个运营活动，完全可以把资源放到一个侧链上去。可回归侧链技术通过智能合约执行逻辑，让侧链执行相应的计算操作，在执行完成后一次性合并回主链，如图 5-6 所示。通过在侧链端增加其他的并行计算资源来执行复杂的智能合约，从而不消耗主链的资源，当满足侧链回归条件的时候，会主动引发侧链合并。可回归侧链技术大大降低了主链上的资源消耗，并能有效地进行并行计算。

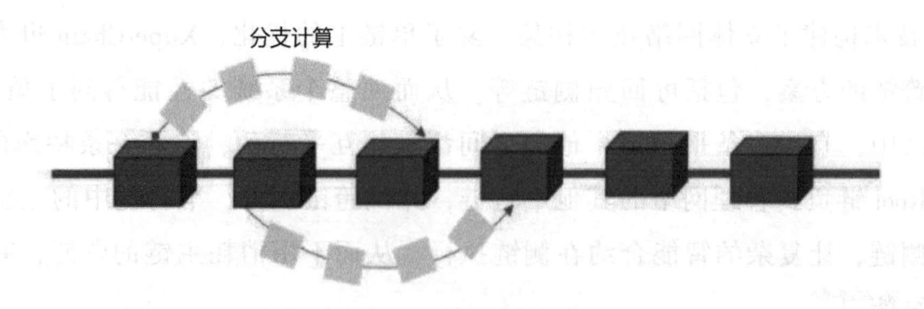

图 5-6　可回归侧链技术

3. 链内 DGA 并行技术

当下区块链技术的实现是将所有事物打包后顺序执行。随着智能合约越来越复杂，高并发度将难以实现顺序执行智能合约，而且也不能充分地利用多核和分布式的计算能力。为了让区块内部的智能合约能够并行执行，XuperChain 将依赖事务挖掘形成 DAG 图，并由 DAG 图来控制事务的并发执行。通过链内 DGA 并行技术，大大提高了计算效率，解决了之前顺序执行的难点，如图 5-7 所示。

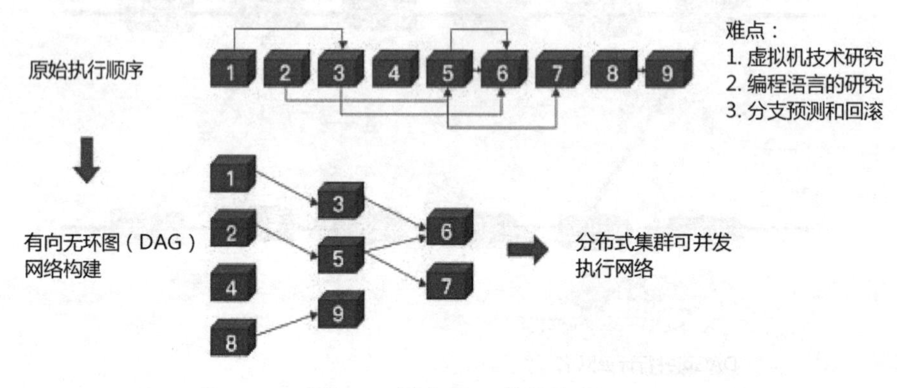

图 5-7　链内 DGA 并行技术

5.2.3　链内并行技术

XuperChain 支持对合约数据进行隐式的 DAG 构建和合约最大粒度的并行处理，能够充分利用多核和多机的计算资源。解决了顺序执行智能合约不能充分地利用多核和分布式的计算能力，造成资源浪费的难点。XuperChain 将合约中互相依赖的事物挖掘成 DAG 图的形式，依据生成的 DAG 图来控制事务的并发，将资源的利用最大化，提高合约效率。

XuperChain 能够支持合约链内并行，主要是基于其底层自研的 XuperModel 数据模型。XuperChain 定义了一个名为 XuperModel 的新的事务模型，它是一个带版本的存储模型，支持读写集生成，可以对智能合约进行隐式的 DAG 构建，并且最大粒度地并发执行。该模型是比特币 UTXO 模型的一个演变。在比特币的 UTXO 模型中，每个交易都需要在输入字段中引用早期交易的输出，以证明资金来源。同样，在 XuperModel 中，每个事务读取的数据需要引用早先的事务写入的数据，事务的输入表示在执行智能合约期间读取的数据源，即数据来自哪些事务的输出。事务的输出表示事务写入状态数据库的数据，而这些数据会被后续的合约调用所引用。XuperModel 如图 5-8 所示。

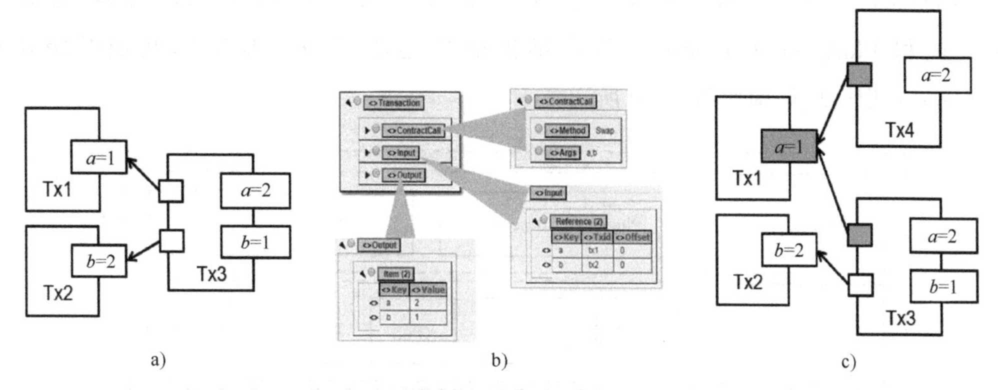

a)　　b)　　c)

图 5-8　XuperModel

a）合约数据的依赖关系　b）T×3 的交易详细　c）冲突处理

为了在运行时获取合约的读写集，在预执行每个合约时 XuperModel 会为其提供智能缓存。该缓存对状态数据库是只读的，它可以为合约的预执行生成读写集和结果。验证合约时，验证节点会根据事务内容初始化缓存实例。节点将再次执行合约，但此时合约只能从读集读取数据。同样，写入数据也会在写入集中生效。当验证完生成的写集与事务携带的写集一致时，合约验证通过，将事务写入账本，其原理如图 5-9 所示，图 5-9a 是合约预执行时的示意图，图 5-9b 是合约验证时的示意图。

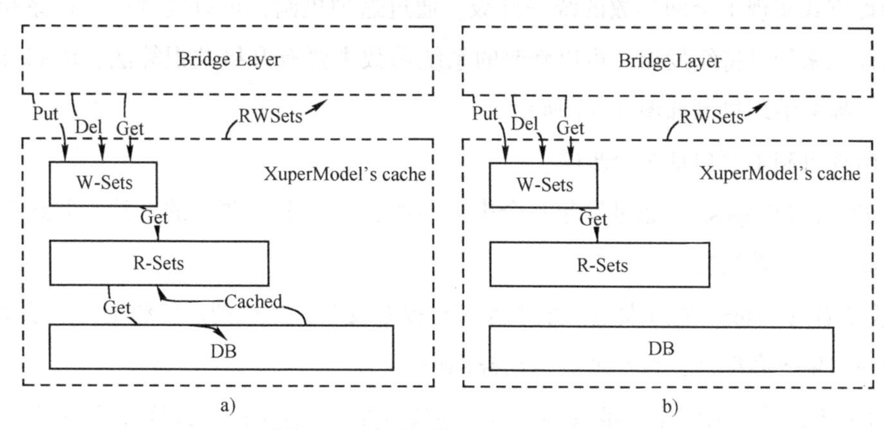

a)　　b)

图 5-9　合约预执行和验证示意图

5.2.4 可插拔共识机制

不同的应用场景对共识的需求是不同的，为了支持不同业务根据其特色选择不同的共识，百度超级链设计了一套可插拔共识机制。

百度超级链共识模块主要包括 3 层，最底层为共识模块依赖的公共组件，包括 Consensus Interface、Chained-BFT、原子钟等；中间层为基于共识的公共接口，目前已经支持以及即将支持的主要有 TDPoS、PoW、XPoS 等；最上层由可插拔的共识组成，包括 Step Consensus 和 Pluggable Consensus，负责维护链从创建到当前高度的共识升级历史。XuperChain 共识模块架构如图 5-10 所示。

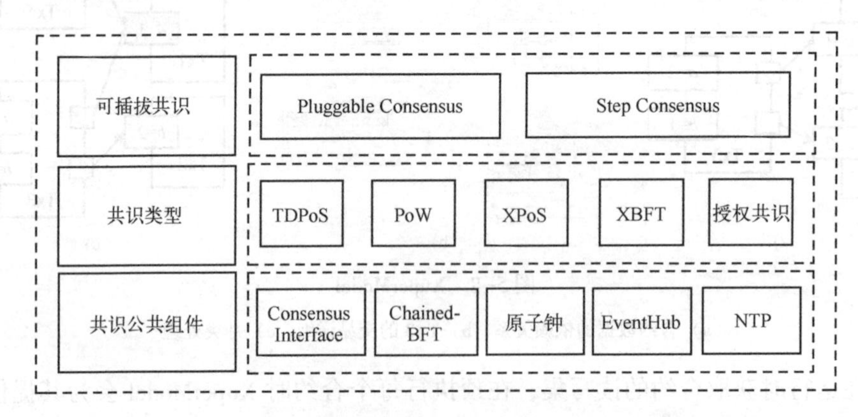

图 5-10 XuperChain 共识模块架构

共识类型其实是全网的一种系统状态。XuperChain 的共识是可热插拔的，那么就需要解决一个问题，全网在某一个时刻，它的共识统一从一种状态切换为另一种状态，这本质上是系统状态的变化。XuperChain 提供了一种治理的机制，通过发起提案，并对提案进行投票的治理方式实现了全网参数的统一升级。通过这种机制，可以实现区块链系统的自我进化，保证未来的可持续发展。可以修改的系统参数主要有升级共识算法、Block Size、挖矿奖励等。提案治理机制如图 5-11 所示。

提案治理机制主要包括 3 个步骤。

1）提案者（Proposer）通过发起一个事务声明支持一个可调用的合约，并约定提案的投票截止高度、生效高度。

2）投票者（Voter）通过发起一个事务来对提案投票，当达到系统约定的投票率并且账本达到合约的生效高度后，合约就会自动被调用。

3）为了防止机制被滥用，被投票的事务需要冻结参与者的一笔燃料，达到合约生效高度以后解冻。

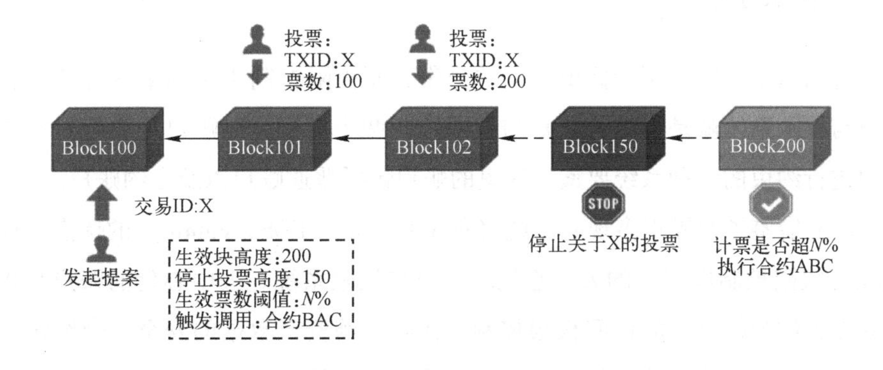

图 5-11　提案治理机制

XuperChain 的可插拔共识主要体现在三个方面。

1）超级链支持不同的平行链采用不同的共识机制，以此来满足不同的共识应用需求，用户通过创世区块可以指定链的初始共识。

2）超级链允许系统在任意时刻通过提案治理机制实现共识的热切换。图 5-12 中链的初始共识是授权共识。在高度为 100 的时候，发起了提案，提案方法是升级共识，生效高度是 200，新的共识的具体内容为当块高度为 200 时，提案生效，会触发升级共识的合约执行，执行完后共识会发生切换。区块链本质上是一个 Binlog，所以所有节点只要状态同步，其状态便能达成一致。

3）除此之外，还支持用户依据其需求，定义适应自己应用场景的共识，XuperChain 可插拔共识机制原理如图 5-12 所示。

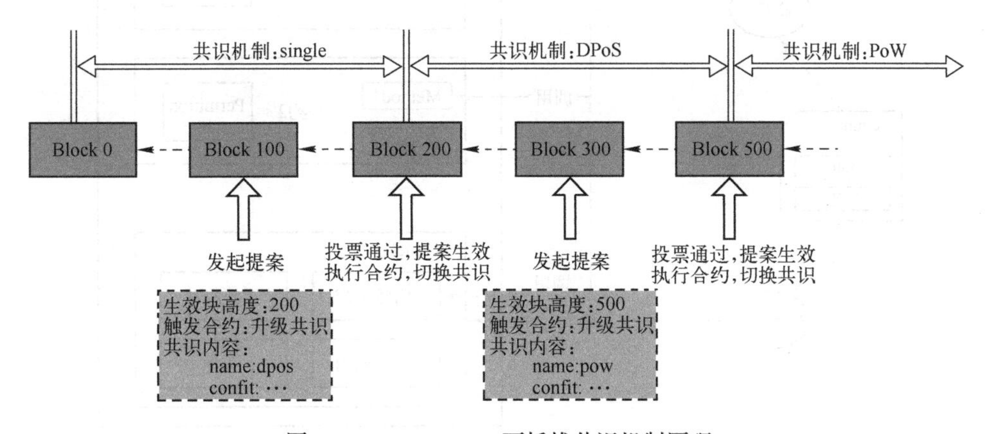

图 5-12　XuperChain 可插拔共识机制原理

5.2.5 账户权限系统

在区块链网络中，账户用于标识不同的身份，而权限控制用于约束资源获取和更新等能力。账户与权限系统就是指结合账户与权限控制两个要素，以账户为粒度对资源获取和更新等能力进行约束的一种系统要素。这里的账户包括普通账户以及合约账户。

XuperChain 借鉴了业界很多现有系统（如 Ethereum、EOS、Fabric）的优点，设计了一个基于 ACL（权限控制模型）的去中心化的账户与权限系统。去中心化的账户与权限系统能够支持智能合约数据资产的访问权限控制，保障合约资产数据的安全。合约账户拥有更灵活的资产管理方式（支持多私钥持有账户、灵活的权限管理模型），更安全的智能合约管理（智能合约需要部署到一个具体的账户内部、设置合约 Method 的权限管理模型）。超级链中普通账户的权限认证也采用去中心化权限系统，实现了权限认证的入口统一。

超级链支持多种权限模型，比如背书数、背书率、权重阈值模型、AK 模型、CA 控制模型、社区治理模型等。以权重阈值模型为例，权重阈值模型是指其所有者的签名都会有一个权重，账户会设置一个通过其权限校验的最小阈值，当其多个拥有者的签名阈值和大于账户所要求的最低阈值时，则权限校验通过。超级链具有完善的账户权限管理，如账户的创建、添加和删除 AK、设置 AK 权重、权限模型，如图 5-13 所示；同时超级链还支持设置合约调用权限，如添加和删除 AK、设置 AK 权重、权限模型。

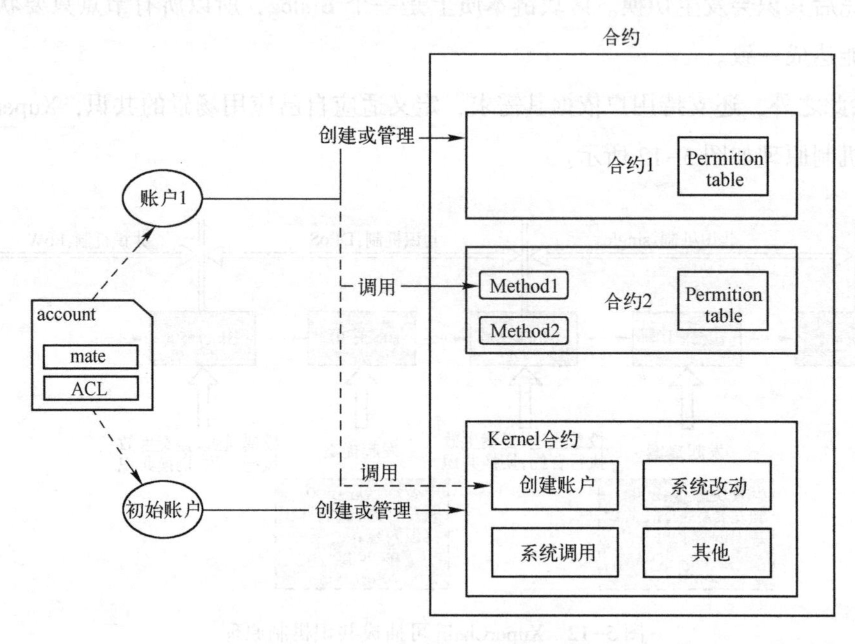

图 5-13　XuperChain 权限系统

5.2.6　一体化智能合约

在区块链网络中，智能合约具有不可撤销、不可篡改、不可抵赖等特点。一旦条件达成，合约在被触发后会自动执行。目前智能合约在区块链范围内的交易已经相对成熟。在智能合约方面，百度超级链提供了一体化智能合约功能。超级链的一体化智能合约具备多语言架构、与核心架构分离、管理合约生命周期等特点。

1. UTXOBase 的智能合约模型

超级链底层基于 UTXO（Unspent Transaction Output）模型，UTXO 模型相对于 Account 模型，并发性能更好，对热门账户的性能也更优秀。

XuperChain 在 UTXO 的基础上做了智能合约的扩展，在扩展区可加载不同的合约虚拟机，每个合约机需要实现运行合约和回滚合约两个接口。回滚机制是为了应对分叉而设计的，XuperChain 在合约回滚方面进行了三个方面的优化，用户可以选择其中之一去实现。

1）自定义回滚逻辑。

2）利用区块链数据操作日志生成反向回滚日志，自动生成回滚逻辑。

3）引入梅克尔帕特里树（Merkle Patricia Tree，MPT），分叉无需回滚支持，但是暂时只有 KV 存储能力。

2. 智能合约兼容

1）XuperChain 内嵌合约机制，规定智能合约编写的接口，可直接用当前语言（Go、C++、Java 等）编写智能合约放到 XuperChain 里面。当前 XuperChain 的 KernelAPI 和共识机制算法都是用这种方式实现的。

开发者可以直接写新的智能合约，放入到 XuperChain 网络中，XuperChain 给予一定的安全隔离和保护。一般这种模式只建议联盟链部署的时候使用，因为公开的节点会因为安全问题拒绝为该链提供算力。

2）第三方兼容 XuperChain 直接支持以太坊的 Solidity 语言，以太坊的智能合约代码可以在 XuperChain 部署和执行。XuperChain 同时支持 WebAssembly，并通过其支持任意语言。理论上 XuperChain 支持任何虚拟机的运行。

3. 智能合约实现

在合约设计中，主要通过 XuperBridge 来访问。XuperBridge 是整个合约实现安全调用的桥梁，向下扩展虚拟机、语言，向上对接服务。合约架构如图 5-14 所示。XuperBridge 为所有合约提供统一的链上数据访问接口，在抽象方式上类似于 Linux 内核对应于应用程序，应用程序可以用各种语言实现，比如 Go、C。类比到合约上就是各种合约的功能，如 KV 访问、Query Block、Query Tx 等，这些请求都会通过跟 xchain 通信的方式来执行，这样在其上实现的各种合约虚拟机，只需要做纯粹的无状态合约代码执行即可。

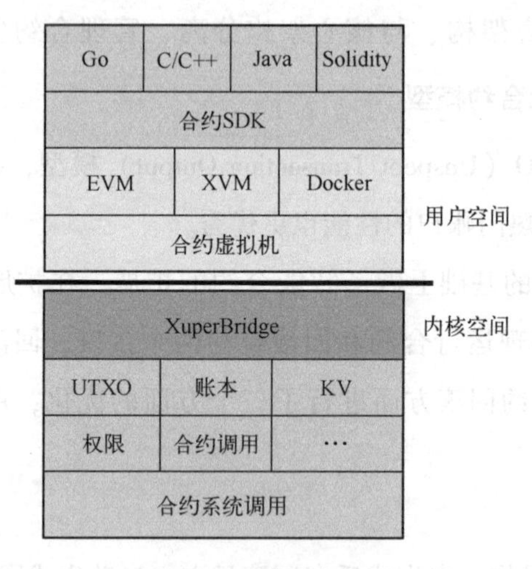

图 5-14　合约架构

5.3　XuperChain 快速体验

本节主要介绍一个 XuperChain 快速体验的过程。

5.3.1　使用 XuperChain 准备工作

1. 源码编译

（1）环境准备

1）操作系统：MAC 或者 Linux，内存大于或等于 4G，CPU 大于或等于 2 核。

2）GCC 版本：4. 8 及以上。

3）GoLang 版本：1. 12 及以上。

（2）编译源码

1）下载源码：从 https://github. com/xuperchain/xuperchain 下载源代码并进行编译。

2）编译源码：cd src/github. com/xuperchain/xuperchain && make。

3）编译产出：./output 目录下。

完整命令如下。

```
$ git clone https://github.com/xuperchain/xuperchain
$ cd xuperchain && make
```

编译完超级链之后，默认的编译产出是一个单节点的配置，因此先以单节点的形式启动一个超级链节点，output 目录的目录结构如图 5-15 所示。

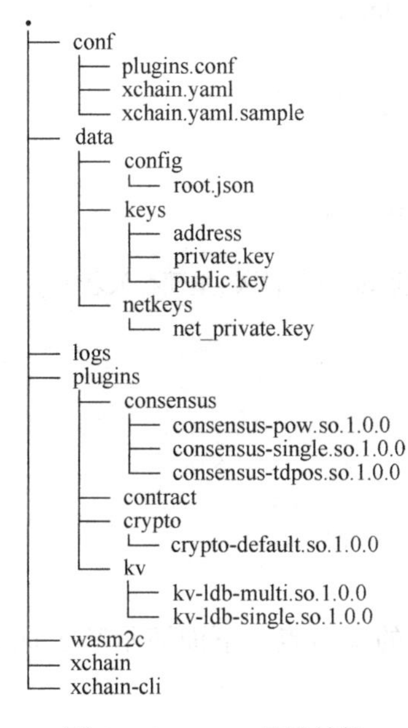

图 5-15　output 目录结构

每个目录存放不同类型的文件，各个目录的作用如下。

① conf：配置文件夹。

② data：数据文件夹。

③ logs：日志。

④ plugins：插件文件目录。

⑤ xchain：主程序。

⑥ xchain-cli：客户端。

2. 容器（Docker）运行

（1）编译镜像

```
docker build . -t xuperchain
```

（2）运行容器

1）运行容器守护进程：docker run -d -p 37101：37101 -p 47101：47101 --rm --name xchain xuperchain。

2）进入容器：docker exec -ti xchain bash。

3）运行指令：./xchain-cli status。

5.3.2 启动一个 XuperChain 单节点

启动一个超级链的单节点方法如下。

```
# 在./data/blockchain 目录下产生 xuper 文件夹，里面存放着 xuper 链的数据
$./xchain-cli createChain
# 后台启动节点
$nohup ./xchain &
# 查看节点状态
$./xchain-cli status
```

至此已经启动了一个超级链的单节点，下面演示基于这个启动的节点超级链的一些基础功能。

先创建一个公私钥，存放在 bob 目录下。

```
$./xchain-cli account newkeys -output data/accounts/bob
```

然后从矿工账户给 bob 转账。

```
$./xchain-cli transfer -to {{data/accounts/bob/address}} - amount 100000   --keys dat/keys/
```

接着创建一个合约账户，并转入一些资源，为后面的部署合约做准备。

```
$./xchain-cli account
New -account 1111111111111111 ---keys data/accounts/bob
$./bin/xchain-cli transfer -to XC1111111111111111@xuper -account 100000
```

xchain-cli 还有一些其他功能如下。

1）查询交易详情。

```
./xchain-cli tx query {{txid}} -H {{host:port}}
```

2）查询区块详情。

```
./xchain-cli block {{blockid}} -H {{host:port}}
```

3）查询资源余额。

```
./xchain-cli account balance --keys data/accounts/bob
```

4）查询节点 P2P URL。

```
./xchain-cli  netURL  get  " ip4/127.0.0.1/tcp/47401/p2p/QmXRyKS1BFmneUEuwxmEmHyeCSb7r7g
SNZ28gmDXbTYEXK"
```

5.3.3　创建一个多节点网络

下面介绍如何创建一个多节点的网络。首先从一个干净的 output 复制到 node2 和 node3 节点，再创建链，命令跟单节点一样。

```
$cd node2 && ./xchain-cli createChain
$cd node3 && ./xchain-cli createChain
```

接着创建 node2、node3 节点的公私钥。

```
$cd node2 && ./xchain-cli account newkeys
$cd node3 && ./xchain-cli account newkeys
```

为了让多个节点组成一个网络，需要修改 node2 和 node3 节点的配置，让它们的 bootNode 指向 node1，这里需要注意，如果三个节点在一台机器上，则要修改各个节点监听的端口号。

```
bootNodes:"/ip4/127/0.0.1/tcp/47401/p2p/QmXRyKS1BFmneUEuwxmEmHye CSb7r7gSNZ28gm DXb-
TYEXK"
```

启动 node2 和 node3 节点。

```
$cd node2 && nohup ./xchain &
$cd node3 && nohup ./xchain &
```

查看节点状态，即是否启动正常。

```
$./xchain-cli status-H 127.0.0.1:36102
$./xchain-cli status-H 127.0.0.1:36103
```

5.3.4 部署和调用合约

下面介绍如何在超级链上部署和调用合约。首先需要编译合约，编译产出在 build 目录下。

```
$cd ./core/contractsdk/cpp/ && /build.sh
```

编译完合约之后，使用之前创建的合约账户部署合约，如果提示需要 fee，则使用--fee 来指定消耗的资源。

```
$./xchain-cli wasm deploy-account XC1111111111111111@xuper -cname counter ../core/contractsdk/cpp/build/counter.wasm -runtime c -keys./data /accounts /bob
```

试着调用刚刚创建的合约。

```
$./xchain-cli wasm invoke-a '{"key":"counter"}' -method increase counter
$./xchain-cli wasm invoke-a '{"key":"counter"}' -method get counter
```

至此完成了单节点、多节点的网络搭建，也使用超级链的命令行工具完成了一些基本的功能调用，最后部署和调用了一个简单的超级链合约。

5.4 思考题

1. 什么是 XuperChain?

2. XuperChain 的技术优势有哪些?

3. 简要说明 XuperChain 的超级节点技术。

4. 简要说明 XuperChain 的立体网络技术。

5. 简要说明 XuperChain 的链内并行技术。

6. 简要说明 XuperChain 的可插拔共识机制。

7. 简要说明 XuperChain 的账户权限系统。

8. 简要说明 XuperChain 的一体化智能合约。

9. XuperChain 使用前需要做哪些准备工作?

10. 简要说明 XuperChain 节点创建的过程。

第6章 区块链典型应用场景

区块链技术有很多应用场景，本章将概要介绍一些典型的区块链技术应用场景，这些应用场景许多都已经基于百度区块链技术开发出来了，并且在实际使用中，可以借鉴这些系统开发新的区块链应用系统。

6.1 版权案例（百科文博链）

1. 背景

随着科技的发展，博物馆数字化的进程逐步加快，文创产业的蓬勃发展也为博物馆带来了新的机遇与挑战，博物馆权益保护的重要性愈发突出。博物馆是当地社区、文化景观和自然环境中无法分离的重要组成部分。

2. 需求

博物馆资源有数字化、立体化展现的需求，让用户通过互联网即可身临其境地观赏珍贵展品；同时，博物馆的版权确权及保护、版权数字化交易都是行业需要解决的问题。

3. 解决方案

百度超级链联合百度百科，基于区块链技术创建了“文博艺术链”，推动百科博物馆计划中的246家博物馆的线上藏品上链。基于“文博艺术链”，百度会与博物馆共同推动线上藏品版权的确权与维护，同时探索线上藏品的版权数字化交易方式，为合作的博物馆提供更全面的服务和更多的权益。

项目一期完成了线上藏品的入链确权，为每一件藏品生产了专属的版权存证证书。让每一名用户可以在百度百科博物馆计划的PC端和WAP端的藏品页查看证书。后续，百度还将推动AI与区块链技术在文博领域的结合应用，用来保障上链数据与藏品相匹配，为后续进行藏品图像版权数字化交易奠定基础。

4. 效果

超级链联合百度百科创建了“百科文博链”，推动了百科博物馆计划中的 246 家博物馆线上藏品上链，促进了博物馆的版权保护。

6.2　司法案例（北京互联网法院）

1. 背景

随着信息化的快速推进，诉讼中的大量证据以电子数据存证的形式呈现，电子数据存证的使用频次和数据量都显著增长。电子证据普遍具有易消亡、易篡改、技术依赖性强等特点，与传统实物证据相比，电子证据的真实性、合法性、关联性的司法审查认定难度更大。

2. 需求

传统的存证方式逐渐显露出成本高、效率低、采信困难等不足；当事人存证、取证、示证、举证、认定等环节存在问题，需要采用新的方法进行存证。

3. 解决方案

2018 年 12 月 22 日，北京互联网法院“天平链”在北京正式发布。“天平链”是由工信部安全中心、百度、信任度等国内领先区块链产业企业形成联盟共建的区块链电子证据平台，采用我国自研的百度超级链作为底层技术，具有支持混合架构、融合多链的技术优势以及信任度科技的区块链产品技术特色。“天平链”作为可信的证据存储、调用、检验、归档电子数据中心，可以为当事人提供数据固化存证功能。百度超级链助力“天平链”，解决了普通区块链技术支持下电子证据平台可能存在的安全性不高、性能较弱、容量低等问题，让区块链在司法领域的普及应用成为可能。

在电子证据存证、取证、出证的过程中，利用区块链技术，以及电子身份认定、时间戳、数据加解密、智能合约等叠加技术或手段，实现了证据从生成、存储、传输、提交、验证全过程周期可信、可溯，整个环节真实可信，并具有法律效力。

4. 效果

“天平链”可以实现电子证据的存储、调用、检验和归档，既可以对当事人上传到平台上的诉讼文件和证据进行存证，防止篡改，保障诉讼安全，又可以对在平台上进行过存证的诉讼证据进行验证，解决当事人取证难、认证难的问题。

目前，北京互联网法院“天平链”已完成跨链接入区块链节点 21 个，完成 9 类 27 个应用的节点数据对接。

6.3 司法案例（广州互联网法院）

1. 背景

随着信息化的快速推进，诉讼中的大量证据以电子数据存证的形式呈现，电子数据存证的使用频次和数据量都显著增长。电子证据普遍具有易消亡、易篡改、技术依赖性强等特点，与传统实物证据相比，电子证据的真实性、合法性、关联性的司法审查认定难度更大。

2. 需求

传统的存证方式逐渐显露出成本高、效率低、采信困难等不足；当事人存证、取证、示证、举证、认定等环节存在问题。

3. 解决方案

超级链与广州互联网法院共建了“网通法链”智慧信用生态系统。该系统包括“一链两平台”——司法区块链、可信电子证据平台、司法信用共治平台。“网通法链”系统由广州市法院、市检察院、百度公司等多家单位联合共建，百度超级链参与建设系统底层技术架构，旗下版权应用产品百度图腾作为首批平台机构接入可信电子证据平台。

4. 效果

“网通法链”系统帮助权利人解决了电子证据存证难、取证难、认证难的问题，降低了司法维权的门槛，提升了全环节效率。

目前百度司法存证链已经在北京、广州互联网法院的证据链中实现了跨链协同，证据同步；同时与青岛仲裁委、公证处、司法鉴定中心等司法机构建立了联盟合作，以不断提升司法存证系统的公信力。

6.4 司法案例（青岛仲裁委）

1. 背景

区块链技术特有的不可篡改、不可抵赖、多方参与等特性，与电子数据存证的需求天然契合，可以降低电子数据存证成本，方便电子数据的证据认定，提高司法存证领域的诉讼效率。

2. 需求

电子证据具有易篡改、易伪造、取证难、认定难等问题；而传统的存证方式面对日益增长的电子数据存证需求，逐渐显露出成本高、效率低、采信困难等不足。

3. 解决方案

百度超级链与青岛仲裁委合作建立了国内首个基于 5G 网络切片技术的电子证据平台，由百度超级链提供区块链底层技术支持，同时叠加时间戳、人工智能等技术，无缝对接电子证据来源接口，在电子证据产生时即以哈希值的形式提交给平台进行安全传输和存证。

4. 效果

电子证据平台有效地解决了电子证据易篡改、易伪造、取证难、认定难等问题，从而实现批量化、智能化仲裁案件；当仲裁需要电子证据时，采用智能合约或区块链浏览器自动取证、示证，保证电子证据的原始性、完整性，并最终出具司法判决书。

存储在百度平台的知识产权、广告、金融等多个领域、多种类型的数据接入青岛仲裁委电子证据平台，基于区块链存证实现数据分析、流转、互通，打破数据孤岛，并为有仲裁需求的用户提供方便快捷的服务。

百度开放入口，以资源分发能力扩大仲裁机构的影响力，可以普及民众的电子证据意识和对区块链电子存证系统的了解。

6.5　医疗案例（电子处方流转平台）

1. 背景

医疗互联网在快速发展的过程中，面临着医疗信息数据孤岛、数据规范、数据流转安全等诸多隐患。

2. 需求

1）对于患者，特别是慢性病患者，其复诊流程较多，导致患者复诊麻烦，也占用了初诊用户资源，进一步造成看病难的问题。

2）对于医疗机构，权威数据显示，62%的基层医疗机构经常“买不到药”，同时医院与药店的系统相对独立，药品信息匹配困难，处方共享受阻。

3）对于监管单位，存在假冒处方、冒用处方、处方过期等问题，监管起来较为困难。

3. 解决方案

基于百度电子处方区块链流转平台，医生的诊断记录、处方、用药初审、取药信息、送药信息、支付信息都将“盖戳”后记录在电子处方流转链上。在平台上，医生可以远程为患者开具电子处方，然后，患者在本地药房购买处方药，实现医药分离。同时，消费者在购买药品的时候，通过个人数据上传可以将购买过程透明化，既满足监管需求，又避免了处方被滥用的问题。

4. 效果

1）保障医疗数据安全：数据加密技术的安全性高、多方协作简单等特性应用到区块链技术构成的点对点网络中，实现了医疗记录跨域分享的可追踪、数据的不可篡改和身份验证的简化。

2）打破医疗数据孤岛：建立了联盟网络，拥有医院、药店等多节点，诊疗记录、电子病历可以多方共享。

6.6 政务案例（一网通办）

1. 背景

现有政府机构需要办理很多政务信息，涉及内部审批、外部申报和查询等多个环节。众多政务信息都是集中化管理和处理的，使得跨部门间的政务信息无法打通，用户在进行多项政务信息处理时需要分别去多个机构办理业务，并且存在数据监管不安全等问题。

2. 需求

各政务机构和委办局之间存在数据壁垒和信息孤岛；百姓办政务存在需要跑多趟、证照信息可能被多平台获取和保存等潜在风险；同时数据监管也存在不安全等问题。

3. 解决方案

部署两套网络，建立政务公链和政务专网联盟链，部署基于“超级链”形成数据归集的去中心化联盟网络。

4. 效果

百度区块链能够助力政府构建“一号申请、一窗受理、一网通办”的政务体系，实现政务数据互认。通过百度超级链的数据协同平台能够在保护用户隐私不受侵害、国家机密安全可靠的基础上，用跨链计算方式实现协同工作，从根源上打破各委办局之间的数据壁垒和信息孤岛。各委办局不需要相互交换具体数据，即可实现政府各职能部门的数据协同和各机构信息安全可控的公开透明，提升了办事效率，响应了国家“最多跑一次”的政策，为人民群众带来了更好的政务服务体验。

6.7 智慧城市案例

1. 背景

现代城市治理中，城市各层级的数据存在数据孤岛的状况。数据低质和数据泄露等问题较为严重，城市的海量数据得不到有效使用。城市数据的确权、流转、保护和依法使用已经成为人们的迫切需求，新型人工智能城市治理模式亟待建立。

2. 需求

在智慧城市推进和运转中，数据确权、采集、存储、传输、共享是核心和关键。目前，数据境况尴尬，数据重要、量级大，但涉及开放和共享方面，大数据虽“大”但无法发挥“大用”。

3. 解决方案

百度超级链打造了一座“区块链+智能城市”的样本，致力于让区块链成为未来社会的“水、电、煤”。目前已经从智能医疗、智能司法、智能政务、智能交通四大场景切入，开启了智能城市试点。通过在城市的各部门、机构以及 IOT 设备部署区块链节点，打造智能城市主权链，在完全遵从现有管理制度和法律法规的前提下打破数据孤岛。

4. 效果

超级链为城市海量数据的确权、流转、保护和依法使用提供了技术保障，解决了数据低质和泄露等问题，提高了治理效率，构建了新型人工智能城市的治理模式。其中，区块链及人工智能技术叠加，能够解决数据客观权属问题、数据采集中人工误差问题、数据存储和传输安全性问题、数据共享中信息可用不可见问题，为数据最大化利用提供了最重要的“数权”确认和流通的基础。

6.8 溯源案例（大闸蟹）

1. 背景

在阳澄湖大闸蟹上市的季节，假蟹层出不穷。各地蟹种混杂其中，良莠不齐，普通消费者难辨其来源。一边是高涨的市场需求，一边是泛滥的假冒伪劣品，“十买九假”是业内对阳澄湖大闸蟹市场乱象的概括，也已成为消费者的共识。

2. 需求

为打击假冒伪劣产品，保护正品的合法权益，急需将阳澄湖大闸蟹的追本溯源工作公开化、透明化，让消费者买到放心蟹。

3. 解决方案

百度利用“区块链+AI”技术推出了蟹脸验真小程序。在蟹农捕捞大闸蟹之后，对大闸蟹产地、照片和蟹商认证蟹号进行采集，将信息透明、安全地存储在区块链上，用区块链记录大闸蟹的信息，消费者在收货时可以利用AI蟹脸识别技术将大闸蟹信息与链上记录的所有信息进行对比。

4. 效果

1）可以为消费者提供更公正和可信的商品溯源信息。从内容、品牌、产品、技术等各个层面为苏州大闸蟹及周边产业重塑生态，为正品大闸蟹保驾护航。

2）可以通过百度“搜索+信息流”双引擎流量为溯源商品提供F2C直销平台；可以运用“大数据+人工智能”技术分析消费者意图，通过人群画像等基本属性为消费者推荐最适合的大闸蟹，为大闸蟹商家带来精准商机。

3）区块链AI技术赋能，让食物商品真实上链流转，让消费者有源可追、有据可查，买得安心、吃得放心，保真保鲜，保障消费者的权益。

6.9 金融案例（ABS）

1. 背景

消费金融市场经过一段时间的快速发展已经迎来了市场升级，“蓝领”“90后”作为主力客群成为该领域飞速发展的推手。但与此同时，在征信体系不健全、风险管理体系不够精细化、资产评估非标准化、定价机制不完善、资产状况缺乏真实性反映等背景下，投资者难以判断和识别消费金融ABS[⊖]风险。

⊖ 资产担保证券（Asset Backed Security，ABS）一般指资产抵押债券。它是以资产的组合作为抵押担保而发行的债券，是以特定资产池（Asset Pool）所产生的可预期的稳定现金流为支撑，在资本市场上发行的债券工具。

2. 需求

互联网金融中存在信用识别问题，交易中存在高昂的信用成本；消费金融 ABS 风险难以识别，交易各方存在对底层资产质量真实性的信任问题。

3. 解决方案

百度超级链推出了在国内发行的首单基于区块链技术的资产证券化产品。百度超级链作为技术服务商搭建了区块链即服务（Blockchain as a Service，BaaS）并引入了区块链技术，项目中的各参与机构（资产生成方、信托、券商、评级、律所等）作为联盟链上的参与节点。区块链技术作为独立的底层数据存储和验证技术，具有去中介信任、防篡改、交易可追溯等特性，在交易过程中，各节点能够共同维护一套交易账本数据，实时掌握并验证账本内容。

4. 效果

1）区块链点对点的交易方式，能有效避免传统集中式清算的弊端，极大地提高了金融系统的稳定性和运作效率。

2）通过大数据风控和黑名单筛选，进而识别出一些常规风控手段难以发现的“问题”资产，加强对资产的筛选、评级、定价能力，利用区块链技术革命性地实现底层资产的质量透明度和可追责性。

6.10　金融案例（百信银行）

1. 背景

银行面临强监管、产品同质化严重和金融脱媒等一系列的问题。人们目前很少去网点开户、买理财、转账，现在使用微信、支付宝，在线上搜索一个理财产品线上开户，就可以完成理财产品的购买，客户已经没有必要去银行网点。在金融某些特定的领域中有很多中介化的产品，值得区块链去发挥价值，实现“去中心化”的目标。

2. 需求

金融行业面临金融脱媒等问题，亟待转型；电商平台、商户、银行之间的结算存在不透明、造假的问题。

3. 解决方案

百度超级链联合百信银行落地百度收银台商户清算方案。为了解决电商平台、商户、银行之间结算不透明、可能造假的问题，百度超级链以百度自主研发的区块链技术作为底层，为百信银行、商户以及电商平台搭建了商户清算联盟链，使联盟链节点同时获得一手交易信息，保证信任的无损传递。依据联盟链上不可篡改、真实的数据，百信银行可以进行清算。

4. 效果

1）在存证领域建设了存证链，打通了法律仲裁系统，实现了金融业务证据链的保存和传递，通过线上贷款合同证据的法律增效和在线仲裁，解决了在线小额贷款争议取证难、诉讼难的问题。

2）在清算领域建设了AI链，通过银行、商户、监管等多方加入联盟链，实现了原始的购买信息上链，保证了清算依据原始的交易信息，解决了信息两清的问题。

6.11 广告案例（百度聚屏）

1. 背景

传统线下场景营销的标准化、智能化提效，已经成为广告行业的一个重要课题。线下广告投放后，需要确定该广告是否被播放、播放次数和位置是否正确。传统的解决方式“靠人”，成本高昂，且存在人工记录误差，其真实性待考证。

2. 需求

该行业存在信任问题，广告主依赖聚屏人工监播信任广告，即人工地去线下的屏幕拍照来验证，但成本巨大且不治本；广告主对聚屏广告播放的真实性需要监播，聚屏对媒体终端的掌控能力仍需加强。

3. 解决方案

百度超级链联合百度聚屏，通过给线下屏幕安装一个特别定制的软件包（SDK），让屏幕变成一个可信赖的数据生产者，基于区块链技术防篡改且可追溯的特性，将广告播放时间、次数等数据实时上传、存储、存证，并同步平台、客户等，做到“端链连接”，消除人工干预。

4. 效果

将线下广告屏幕转化为智能化的区块链节点，所有播放数据上链可查，保证了数据的真实性和不可篡改性，降低了区块链的接入成本。在安全性上，保证了在可信环境里采集数据，并将其多中心化记录。

目前已经有 8 万线下广告屏幕作为区块链网络节点实时上传数据，1 亿广告数据已经上链，该数量还在陆续增加。技术赋能让线下屏幕实现了“类线上化”的效果，对广告数据进行了精准的监测、统计与反馈，实现了广告数据的可追溯、真实可见，困扰广告行业几十年的户外效果统计“黑盒”逐渐被打破。

6.12　思考题

1. 举例说明如何将区块链技术应用于版权保护领域。
2. 举例说明如何将区块链技术应用于司法领域。
3. 举例说明如何将区块链技术应用于金融领域。
4. 举例说明如何将区块链技术应用于医疗领域。
5. 举例说明如何将区块链技术应用于政务领域。
6. 举例说明如何将区块链技术应用于智慧城市领域。

第 7 章 基于私有链的存证系统

本章以“存在性证明”网站记录为背景，介绍了如何使用百度超级链来一步步实现一个基于私有链的存证系统实验。

7.1 实验概述

实验的内容概述如下。

1. 实验背景

区块链技术的核心特性之一是数据的不可篡改，数据在区块链全网得到验证和保存。“存在性证明”是基于这一特点在数据存证方面最广泛的应用，区块链数据存证主要被用于以下三个方面。

（1）知识产权保护

用户可以把自身创作的作品、专利的数字指纹通过“存在性证明”记录到区块链上。

（2）给文件盖时间戳

用户可以把一份合同、文档的数字指纹通过“存在性证明”记录到区块链上，从而为这份合同、文档盖上一个时间戳。

（3）完整性校验

当用户把一个文件的数据指纹通过“存在性证明”记录到区块链上后，未来可以校验这份文件是否被篡改过。

电子证据效力的实践中存在许多问题，而区块链技术的应用可以避免此类现状。区块链对于电子证据的作用可以总结为四点：防止篡改、事中留痕、事后审计、安全防护，区块链利用其技术可以提高电子证据的可信度和真实性。

本实验以存证场景为例，演示了如何部署区块链，如何在部署好的区块链集群上实现上链操作以及如何进行数据查询等。

2. 实验目的

1）了解区块链的基本原理。

2）了解百度超级链的基本使用方法。

3）基于百度超级链平台开发区块链应用。

4）通过实验加深读者对于区块链和超级链的认知，同时通过实验加深读者对于超级链底层技术（共识算法、加密算法等）的理解与掌握。

3. 实验内容

本实验以百度超级链为基础平台，通过在该平台上搭建区块链节点以实现存证场景的区块链应用。

本实验的关键步骤如下。

1）在超级链平台上实现区块链节点的创建以及超级链网络的部署。

2）使用Go语言开发存证应用。

3）将应用部署到块链系统上。

7.2　实验环境配置

实验的环境配置如下。

1. 实验操作系统与基本工具

1）操作系统：支持Linux以及Mac OS。

2）开发语言：Go 1.12.x及以上。

3）编译器：GCC 4.8.x及以上。

4）版本控制工具：Git。

2. 配置Go语言编程环境

1）安装Go语言编译环境，需要Go语言版本为1.12及以上。

2）下载二进制包，例如go1.14.linux-amd64.tar.gz。

3）将下载的二进制包解压至/usr/local目录。

```
tar -C /usr/local -xzf go1.14linux-amd64.tar.gz
```

4）将 /usr/local/go/bin 目录添加至 PATH 环境变量。

```
export PATH=$PATH:/usr/local/go/bin
```

Mac 操作系统下可以使用 .pkg 结尾的安装包直接双击来完成安装，安装目录在/usr/local/go/ 下。

3. 安装 Git

1）Linux 环境下：（以 Ubuntu 为例）使用以下命令安装。

```
sudo apt-get install git
```

2）Mac 环境下：安装 homebrew，然后通过 homebrew 安装 Git。

```
brew install git
```

4. 编译 XuperChain

1）使用 Git 下载源码到本地。

```
git clone https://github.com/xuperchain/xuperchain.git
```

2）执行命令：

```
cd xuperchain&&make
```

3）在 output 目录得到产出 xchain 和 xchain-cli。

7.3 实验步骤

实验的步骤过程如下。

7.3.1 创建单节点网络

第 1 步，建立目录。

在 xuperunion 文件夹中创建 node1 文件夹（命令：mkdir node1），将 output 文件夹中的内容复制到 node1 中（命令：cp -r output/ node1/），删除 node1 中的 data/keys 与 data/netkeys 文件夹（命令：rm -rf keys/）。

第 2 步，创建私钥与 netURL。

创建私钥：./xchain-cli account newkeys -f。

```
(base) secortot:node1 secortot $ ./xchain-cli account newkeys -f
create account using crypto type default
create account in ./ data/keys
```

创建 netURL：./xchain-cli netURL gen。

第3步，获取私钥。

```
cat data/keys/address && echo
(base) secortot:node1 secortot $ cat data/keys/address && echo
gVRNiVFx8vHhrV8DJfwP178MK6isScCMM
```

第4步，修改 data/config/xuper.json 文件，将 JSON 文件的代码中斜体的内容换成最新生成的私钥，删除 init_proposer_neturl（JSON 文件中加粗部分）。

```
(base) secortot:node1 secortot $ vim data/ config/ xuper. json
```

JSON 文件如下：

```
{
    "version": "1",
    "predistribution":[
        {
            "address": "dpzuVdosQrF2kmzumhVeFQZa1aYcdgFpN",
            "quota": 100000000000000000000
        }
    ]
    "maxblocksize": "128",
    "award": " 1000000",
    "decimals": "8",
    "award_decay": {
      "height_ gap": 31536000,
      "ratio": 1
    },
    "gas_price": {
```

```
        "cpu_rate": 1000,
        "mem_rate": 1000000,
        "disk_rate": 1,
        "xfee_rate": 1
    },
    "new_ account_ resource_ amount": 1000,
    "genesis_ consensus": {
        "name": "tdpos",
        "config": {
            "timestamp": "1559021720000000000",
            "proposer_num": "1",
            "period": "3000",
            "alternate_interval": " 3000",
            "term_interval": "6000",
            "block_num": "20",
            "vote_unit_price': "1",
            "init_proposer": {
                "1": [
                    " dpzuVdosQrF2kmzumhVeFQZa1aYcdgFpN "
                ]
            }
        "init_ proposer_ neturl": {
            "1": [
                "/ip4/127. 0. 0. 1/tcp/47101/p2p/QmVxeNubpg1ZQjQT8W5yZC9fD7ZB1ViArwvyGUB-
53sqf8e"
                ]
            }
        }
}
```

第 5 步，由 node1 节点创建链：./xchain-cli createChain。

```
(base) secortot:node1 secortot $ ./xchain-cli createChain
```

```
t=2020-06-25T15:53:18+0800 lvl=dbug msg="create block chain by contract" module=xchain from=xuper toCreate=xuper
t=2020-06-25T15:53:18+0800 lvl=info msg="Allocated cache and path fds" database=data/blockchain/xuper/ledger cache= 128 fds=1024
t=2020-06-25T15:53:18+0800 lvl=info msg="ledger meta" module=xchain genesis_block= tip_block=trunk_height=0
t=2020-06-25T15:53:18+0800 lvl=trce msg="Start to ConfirmBlock" module= xchain
t=2020-06-25T15:53:18+0800 lvl=info msg="begin format genesis block" module= xchain
t=2020-06-25T15:53:18+0800 lvl=info msg="start to confirm block" module=xchain blockid=94248ef7a1c1e8b043d4621cc3cc1bf1eb15e74c9c4fdedded0cdee199cd84d2 txCount=1
t=2020-06-25T15:53:18+0800 lvl=dbug msg="print block size when confirm block" module=xchain blockSize=1543 blockid=94248ef7a1c1e8b043d4621cc3cc1bf1eb15e74c9c4fdedded0cdee199cd84d2
t=2020-06-25T15:53:18+0800 lvl=dbug msg="confirm block cost" module= xchain blkTimer="saveHeader: 0.13ms, saveAllTxs: 0.15 ms, saveToDisk: 0.06 ms,total: 0.61ms"
t= 2020-06-25T15:53:18+0800 lvl=info msg="ConfirmBlock Success" module=xchain Height=1
t=2020-06-25T15:53:18+0800 lvl=info msg="Allocated cache and path fds" database=data/blockchain/xuper/utxoVM cache=128 fds=1024
t=2020-06-25T15:53:18+0800 lvl=info msg="utxo total is estimated" module=xchain total=0
t=2020-06-25T15:53:18+0800 lvl=dbug msg= "debug tx" module=xchain txid=eee1688b9d431ee448d97ed1dbdb62339b1b68d35ccbec0e9556bbe8d2c4274b
t=2020-06-25T15:53:18+0800 lvl=dbug msg=txoutput module=xchain offset=0 addr= dpzuVdosQrF2kmzumhVeFQZa1aYcdgFpN amount=100000000000000000
t= 2020-06-25T15:53:18+0800 lvl=dbug msg= "hit queryblock cache" module=xchain blkid=94248ef7a1c1e8b043d4621cc3cc1bf1eb15e74c9c4fdedded0cdee199cd84d2
t=2020-06-25T15:53:18+0800 lvl=info msg="unconfirm table size" module=xchain unconfirmTxMap=0
t=2020-06-25T15:53:18+0800 lvl=dbug msg="autogen tx list size, before play block" module= xchain len=0
t=2020-06-25T15:53:18+0800 lvl=trce msg="start to dotx" module=xchain txid=eee1688b9d431ee448d97ed1dbdb62339b1b68d35ccbec0e9556bbe8d2c4274b
t=2020-06-25T15:53:18+0800 lvl=trce msg="insert utxo key" module=xchain utxoKey=UdpzuVdosQrF2kmzumhVeFQZa1aYcdgFpN_eee1688b9d431ee448d97ed1dbdb62339b1b68d35ccbec0e9556bbe8d2c4274b_0 amount=100000000000000000
```

```
t=2020-06-25T15:53:18+0800 lvl=dbug msg="autogen tx list size, after play block" module=xchain len=0
t=2020-06-25T15:53:18+0800 lvl=info msg="Database closed" database=data/blockchain/xuper/utxoVM
t=2020-06-25T15:53:18+0800 lvl=info msg="Database closed" database=data/blockchain/xuper/ledger
```

第6步，启动节点：nohup ./xchain &。

```
(base) secortot:node1 secortot$ nohup ./xchain &
[1] 51521
(base) secortot:node1 secortot$ appending output to nohup.out
```

第7步，获取netURL：./xchain-cli netURL get -H 127.0.0.1:37101。

```
(base) secortot:node1 secortot$ ./xchain-cli netURL get -H 127.0.0.1:37101
"/ip4/127.0.0.1/tcp/47101/p2p/QmZRaeFqvaTsVoWVLM9m72LWrTRwTHS9wpySQoS2nHt1U"
```

第8步，查看运行状态：./xchain-cli status -H 127.0.0.1:37101。

```
(base) secortot:node1 secortot$ ./xchain-cli netURL get -H 127.0.0.1:37101
"/ip4/127.0.0.1/tcp/47101/p2p/QmZRaeFqvaTsVoWVLM9m72LWrTRwTHS9wpySQoS2nHt1U"
(base) secortot:node1 secortot$ ./xchain-cli status -H 127.0.0.1:37101
{
  "blockchains":[
  "name":"xuper",
  "ledger":{
    "rootBlockid":"94248ef7a1c1e8b043d4621cc3cc1bf1eb15e74c9c4fdedded0cdee199cd84d2",
    "tipBlockid":"94248ef7a1c1e8b043d4621cc3cc1bf1eb15e74c9c4fdedded0cdee199cd84d2",
    "trunkHeight":0
    }
    "utxo":{
        "latestBlockid":"94248ef7a1c1e8b043d4621cc3cc1bf1eb15e74c9c4fdedded0cdee199cd84d2",
        "lockKeyList":null,
        "utxoTotal":"100000000000000000000",
        "avgDelay":0,
        "unconfirmed":0,
```

```
            "maxBlockSize": 134217728,
            "reservedContracts": [],
            "forbiddenContract": {
                "moduleName": "",
                "contractName": "",
                "methodName": "",
                "args": {},
                "resource_limits": null
            }
            "newAccountResourceAmount": 1000,
            "irreversibleBlockHeight": 0,
            "irreversibleSlideWindow": 0,
            "gasPrice": {
                "cpu_rate": 1000,
                "mem_rate": 1000000,
                "disk_rate": 1,
                "xfee_rate": 1
                }
            },
            "branchBlockid": null
        }
    ],
    "peers": null,
    "speeds": {
        "BcSpeeds": {
            "xuper": {}
        }
    }
```

7.3.2　多节点网络搭建

第 1 步，切换到 xuperchain 目录下新建两个节点 node2 和 node3。

```
cp -r output node2
(base) secortot:xuperchain secortot$ cp -r output node3
(base) secortot:xuperchain secortot$ cp -r output node2
(base) secortot:xuperchain secortot$ ls
CONTRIBUTING. mdREADME. mdgo. Sumvendor
CONTRIBUTING_CN. mdcorenode1visual
Dockerfileevent_clientnode2
LICENSEfrontnode3
Makefilego. modoutput
```

第 2 步，在新建的两个节点中分别创建节点私钥和节点 netURL。

```
(base) secortot:xuperchain secortot$ cd node2
(base) secortot:node2 secortot$ ./xchain-cli account newkeys -f
create account using crypto type default
create account in ./data/keys
(base) secortot:node2 secortot$ ./xchain-cli netURL gen
(base) secortot:node2 secortot$ cd
(base) secortot:xuperchain secortot$ cd node3
(base) secortot:node3 secortot$ ./xchain-cli account newkeys -f
create account using crypto type default
create account in ./data/keys
(base) secortot:node3 secortot$ ./xchain-cli netURL gen
```

第 3 步，分别修改 node2 和 node3 节点的 conf/xchain. yaml 文件：修改 tcpServer 部分的 port 与 metricPort，修改 p2pv2 部分的 port（三处加粗部分），三个节点不同。

```
# RPC 服务暴露的端口
tcpServer:
  port: :37101
  # prometheus 监控指标端口,为空的话就不启动
  metricPort: :37200
  tls: talse
  # cachePeriod: 2
```

```
    # 最大接受数据包长度
    # 区块链节点配置
p2p:
    # module is the name of p2p module plugin, value is [p2pv2/p2pv1], default is p2pv2
    module: p2pv2
    port: 47101
    # certPath: ./data/tls/1
```

第 4 步，获取 node1、node2 和 node3 的地址 cat data/keys/address；修改 node1/data/config/xuper. json 文件，将 predistribution 中的 address 修改为 node1 的地址（第一处加粗部分）；将 proposer_num 设置为 3（第二处加粗部分），表示每一轮选举出的矿工数；在 init_proposer 的[ ]中放入 node1、node2 和 node3 节点的地址（第三处加粗部分）；将 init_proposer_neturl 部分删除。

```
{
    "version": "1",
    "predistribution": [
        {
            "address": "gVRNiVFx8vHhrV8DJfwP178MK6isScCM",
            "quota": "100000000000000000"
        }
    ],
    "maxblocksize": "128",
    "award": "1000000",
    "decimals": "8",
    "award_ decay": {
        "height_ gap": 31536000,
        "ratio": 1
    },
    "gas_ price": {
        "cpu_rate": 1000,
        "mem_rate": 1000000,
        "disk_rate": 1,
```

```
        "xfee_rate" : 1
    },
    "new_account_resource_amount" : 1000,
    "genesis_ consensus" : {
    "name" : "tdpos",
    "config" : {
        "timestamp" : "1550212000000000",
        "proposer_num": "3",
        pertoa: 3000,
        "alternate_ interval" : "3000",
        "term_ interval" : "6000",
        "block_ . num" : "20",
        "vote unit nrice" : "1'
        "init_ proposer": {
            "1": [
                "gVRNiVFx8vHhrV8DJfwP178MK6isScCMM",
                "RW7f982T3oY6H6zovi cgibUb8eGorqueG",
                "jsEGZ9hb1V6Mw1 j96CzVQfPEGCJ6DAx2"
            ]
        }
    },
}
```

第5步，用node1中修改好的xuper. json文件替换node2和node3中的xuper. json文件。

```
(base) secortot:config secortot $ cp xuper. json ../../ ../node2/ data/ config/
(base) secortot:config secortot $ cp xuper. json ../ ../../node3/ data/config/
```

第6步，创建区块链：./xchain-cli createChain。

```
(base) secortot:node secortot $ ./xchain-cli createChain
t=2020-06-27T14:46:44+0800 lvl=dbug msg="create block chain by contract" module=xchain from=
xuper toCreate= xuper
```

```
t=2020-06-27T14:46:45+0800 lvl=info msg="Allocated cache and path fds" database=data/blockchain/xuper/ledger cache=128 fds=1024
t=2020-06-27T14:46:45+0800 lvl=info msg="ledger meta" module=xchain genesis_block= tip_block= trunk_height=0
t=2020-06-27T14:46:45+0800 lvl=trce msg="Start to ConfirmBlock" module=xchain
t=2020-06-27T14:46:45+0800 lvl=info msg="begin format genesis block" module=xchain
t=2020-06-27T14:46:45+0800 lvl=info msg="start to confirm block" module=xchain blockid=4da3695ecea3e62635c22cd58cede1755f7c6b83285e3efc2ce2e23084b8a888 txCount=1
t=2020-06-27T14:46:45+0800 lvl=dbug msg="print block size when confirm block" module= xchain blockSize=1423 blockid=4da3695ecea3e62635c22cd58cede1755f7c6b83285e3efc2ce2e23084b8a888
t=2020-06-27T14:46:45+0800 lvl=dbug msg="confirm block cost" module=xchain blkTimer="saveHeader: 0.20ms, saveAllTxs: 0.15 ms,saveToDisk: 0.07ms, total: 0. 75ms"
t=2020-06-27T14:46:45+0800 lvl=info msg="ConfirmBlock Success" module=xchain Height=1
t=2020-06-27T14:46:45+0800 lvl=info msg="Allocated cache and path fds" database=data/blockchain/xuper/utxoVM cache= 128 fds=1024
t=2020-06-27T14:46:45+0800 lvl=info msg="utxo total is estimated" module=xchain total=0
t=2020-06-27T14:46:45+0800 lvl=dbug msg="debug tx" module= xchain txid=ec86f68bfcd1d3f9f20e77598970204e907b8e74beb3e6a43cf757d7a937c901
t=2020-06-27T14:46:45+0800 lvl=dbug msg=txoutput module=xchain offset=0 addr=mCLBTFqF3mGuLfFqWXAjr5cc98gLxccPP amount=100000000000000000
t=2020-06-27T14:46:45+0800 lvl=dbug msg="hit queryblock cache" module=xchain blkid= 4da3695ecea3e62635c22cd58cede1755f7c6b83285e3efc2ce2e23084b8a888
t=2020-06-27T14:46:45+0800 lvl=info msg="unconfirm table size" module=xchain unconfirmTxMap=0
t=2020-06-27T14:46:45+0800 lvl=dbug msg="autogen tx list size, before play block" module= xchain len=0
t=2020-06-27T14:46:45+0800 lvl=trce msg="start to dotx" module=xchain txid=ec86f68bfcd1d3f9f20e77598970204e907b8e74beb3e6a43cf757d7a937c901
t=2020-06-27T14:46:45+0800 lvl=trce msg="insert utxo key" module=xchain utxoKey=UmCLBTFqF3mGuLfFqWXAjr5cc98gLxccPP_ec86f68bfcd1d3f9f20e77598970204e907b8e74beb3e6a43cf757d7a937c901_0 amount=100000000000000000
t=2020-06-27T14:46:45+0800 lvl=dbug msg="autogen tx list size, after play block" module= xchain len=0
```

```
t=2020-06-27T14:46:45+0800 lvl=info msg="Database closed" database=data/blockchain/xuper/utx-
oVM
t=2020-06-27T14:46:45+0800 lvl=info msg="Database closed" database=data/blockchain/xuper/ledger
```

第 7 步，启动 node 节点：nohup ./xchain &。

```
(base) secortot:node secortot$ nohup ./xchain &
[2] 83250
(base) secortot:node secortot$ appending output to nohup.out
```

第 8 步，获取 node 的 netURL：./xchain-cli netURL get。

```
(base) secortot:node secortot$ ./xchain-cli netURL get
/ip4/127.0.0.1/tcp/47101/p2p/QmZRaeFqvaTsVoVWWLM9m72LWrTRwTHS9wpySQoS2nHt1U"
```

第 9 步，将 netURL 中的 IP 地址改为本机 IP，并存储到 node.url 文件中。

```
echo/ip4/127.0.1.1/tcp/47101/p2p/QmT1rjtx8gXbYN4n9NPqsmFVJiiMPzqFU7UQAYerNHk3MH >
node1.url
(base) secortot:node secortot$ echo /ip4/127.0.0.1/tcp/47101/p2p/QmZRaeFQvaTsVoVLM9m72LWr-
TRwTHS9wpySQoS2nHt1U > node.url
(base) secortot:node secortot$ cat node.url
/ip4/127.0.0.1/tcp/47101/p2p/0mZRaeFqvaTsVoVVLM9m72LWrTRwTHS9wpyS0oS2nHt1U
```

第 10 步，修改 node2 和 node3 节点的 conf/xchain.yaml 文件，将 p2p 部分的 bootNodes 内容修改为 node1.url 中的内容。

```
# serviceName: saas_test.server.com
bootNodes:
    -"/ip4/127.0.0.1/tcp/47101/p2p/QmZRaeFqvaTsVoVWLM9m72LWrTRwTHS9wpySQoS2nHt1U"
```

第 11 步，使用 node2 和 node3 节点分别创建链并启动节点。

```
./xchain-cli createChain
nohup ./xchain &
```

第 12 步，使用 ./xchain-cli status -H 127.0.0.1:37101 查看当前状态，若 peers 对应

node2 和 node3 的 IP 与端口号，则搭建成功。

```
{
  "blockchains": [
  {
    "name": "xuper",
    "ledger": {
        "rootBlockid": "87c52922fd290778d2aa294d3e984bf9302464786ebd12a1d5e1a8d5a2772271",
        "tipBlockid": "205f2bd9e63e8da9aode 7bcc8da84adbd94bf39d2c568826751328bace12837e",
        "trunkHeight": 316
    }
    "utxo": {
        "latestBlockid":" 205f2bd9e63e8da9a0de 7bcc8da84adbd94bf39d2c568826751328bace12837e",
        "lockKeyList": null,
        "utxoTotal": "100000000000316000000",
        "avgDelay": 0,
        "unconfirmed":0,
        "maxBlocksize": 134217728,
        "reservedContracts": [],
        "forbiddenContract":{
            "moduleName": "",
            "contractName":"",
            "methodName":"",
            "args": {},
            "resource_ limits": null
        },
        "newAccountResourceAmount": 0
      }
    }
  ]
  "peers": [
      "127.0.0.1:37102",
      "127.0.0.1:37103"
```

```
    ],
    "speeds": {
        "BcSpeeds": {
            "xuper": {}
        }
    }
}
```

7.3.3 存证应用的开发

如实验背景中所述，存证场景的应用十分广泛，为方便读者进一步理解，这里以企业记账作为具体的存证应用进行展示。

开发一个存证应用，最关键的是智能合约的定义，其中最基本的包括合约的初始化、发送信息和查询信息，下面结合代码展开介绍。

（1）合约初始化

```
func NewTransferManager(conf *Config, keypath string) (*ActionManager, error) {
    ta := &ActionManager{
        conf: conf,
    }
    if err := ta.initClient(keypath); err != nil {
        return nil, err
    }
    return ta, nil
}

func (ta *ActionManager) initClient(path string) error{
    host := ta.conf.TargetIP + ":" + ta.conf.TargetPort
    err := ta.loadKeys (path)
    if err !=nil{
        return err
    }
    addrop := client.WithAddress(ta.xua.Address )
```

```
    pkop := client. WithPublicKey(string(ta. xua. PublicKey))
    skop := client. WithPrivateKey(string(ta. xua. PrivateKey))
    XC,err := client.NewXClientWithOpts(host, addrop, pkop, skop)
    If err != nil{
        return err
    }
    ta. xc = XC
    return nil
}
```

（2）发送信息

```
func (ta *ActionManager) Transfer(to string, amount string, desc []byte)
  (string, error) {
    status, err := ta. xc. Transfer(context. Background(), ta. conf. BcName, to, amount, "0", desc, 0)
      if err != nil{
          return "",err
      }
      txid := hex. EncodeToString (status. GetTxid())
      fmt. Println("normalTransfer success with txid:", txid)
      return txid, nil
  }
```

（3）查询信息

```
func (ta *ActionManager) QueryTx(txid string) (*pb. Transaction, error) {
  rawTxid, _:= hex. DecodeString (txid)
  txStatus := &pb. TxStatus{
        Txid: rawTxid,
        Bcname: ta. conf. BcName,
  }
  tx, err: = ta. xc. QueryTx(context. Background(), txStatus)
  if err != nil{
    return nil, err
```

```
    }
    return tx.GetTx(), nil
}
```

（4）运行样例

```
func main() {
    conf := &actions.Config{
        BcName: "xuper",
        TargetIP: "localhost",
        TargetPort: "37101",
    }
    keypath := "./data/keys/"
    mgr, err := actions.NewTransferManager(conf, keypath)
    if err != nil{
        fmt.Println("New TransferManager failed, err=", err)
        return
    }
    // 发送数据
    msg := "2020年第二季度营收：13000000，同比增长：-45.0%，利润：4024000，同比增长：
-37.0%"
    toAddr := "dpzuVdosQrF2kmzumhVeFQZa1aYcdgFpN"
    amount := "1"
    txid, err := mgr.Transfer(toAddr, amount, []byte(msg))
    if err != nil{
        fmt.Println("data upload failed, err=", err)
        return
    }
    fmt.Println("data post to blockchain successfully, txid=", txid)
    fmt.Println("wait 3 seconds to make sure the transation is confirmed in a block...")
    time.Sleep(time.Duration(3) * time.Second)
    // 查询数据
    tx, err := mgr.QueryTx(txid)
```

```
    if err != nil{
        fmt.Println("data query failed, err=", err)
        return
    }
    newMsg := tx.GetDesc()
    blockid := hex.EncodeToString(tx.GetBlockid())
    fmt.Printf("found data on blockchain, blockid=%s, txid=%s, message=%s\n", blockid, txid, string
(newMsg))
}
```

更多详情见实验配套代码。

7.4 预期结果

最终应用的文件目录如图 7-1 所示。

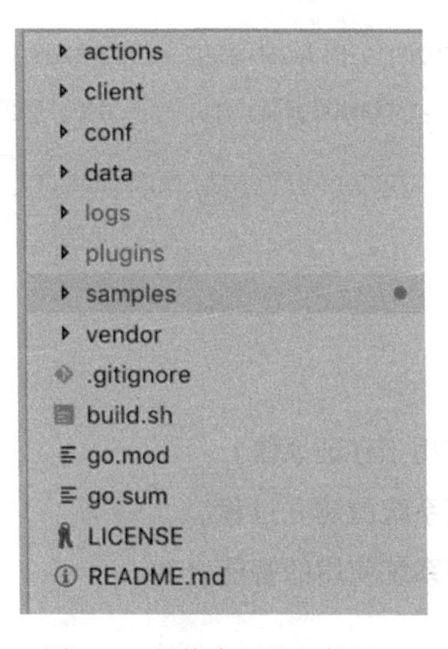

图 7-1　最终应用的文件目录

1） actions 定义了智能合约逻辑中的主要操作。

2） client 为客户端的相关定义。

3） conf 为相关基本配置，一般不用修改。

4） data 存储了不同节点的相关数据和密钥等信息。

5）samples 中为样例脚本。

6）build. sh 为编译脚本。

在配置好并运行超级链后，编译：

```
./build. sh
```

得到 xcsample 可执行文件，运行：

```
./xcsample
```

得到如下结果。

```
normalTransfer success with txid: b8a2d4bb6f5404435bf7ae59209191817c76b41b92aa f6bc232d81f6e5c82a09
data post to blockchain successfully,txid= b8a2d4bb6f5404435bf7ae59209191817c76 b41b92aaf6bc232d81-
f6e5c82a09
wait 3 seconds to make sure the transation is confirmed in a block...
found data on blockchain, blockid=e02b9bb7a716ce529e8a80927b9eef3bf588d555f18c414ac20ca2425cbce-
61C
txid=b8a2d4bb6f5404435bf7ae59209191817c76b41b92aaf6bc2 32d81f6e5c82a09,
message=2020年第二季度营收:13000000,同比增长:-45.0%。利润:4024000,
同比增长:-37.0%
```

7.5 思考题

1. 为什么区块链技术能应用于存证系统？
2. 简述基于私有链的存证系统的建立过程。
3. 简述基于私有链的存证系统使用的智能合约。

第 8 章 基于局域网的智能合约部署

本章以跨合约调用为例，介绍了如何使用百度超级链进行不同合约之间的调用。

8.1 实验概述

实验的内容概述如下。

1. 实验背景

早在 1995 年，智能合约就由跨领域法律学者尼克萨博提出，是对现实中的合约条款执行电子化的量化交易协议。智能合约设计的总体目标是满足常见的合约条件（如支付条款、留置权、保密性以及执行等），以及最大限度地减少恶意和偶然的异常，最大限度地减少对可信中介的依赖。智能合约已经在电子投票和供应链管理等很多领域得到了应用，且前景广阔。智能合约程序不只是一个可以自动执行的计算机程序，它本身就是一个系统参与者，对接收到的信息进行回应，可以接收和存储价值，也可以向外发送信息和价值。这个程序就像一个可以被信任的人，可以临时保管资产，总是按照事先的规则执行操作。

在区块链中，发起一笔交易可以是给另一个地址转账，也可以是调用一个合约。当合约代码执行的时候，一个合约可能会去调用另一个合约。

本实验以跨合约调用为例，演示了如何基于超级链进行不同合约之间的调用。

2. 实验目的

1）了解区块链的基本原理。

2）了解百度超级链的基本使用方法。

3）基于百度超级链平台实现智能合约部署。

4）通过实验加深读者对于区块链和超级链的认知，同时通过实验加强读者对于超级链底层技术（如共识算法、加密算法等）的理解与掌握。

3. 实验内容

本实验以百度超级链为基础平台，通过在该平台上搭建区块链节点以实现存证场景的区块链应用。本实验的关键步骤如下。

1）在超级链平台上实现区块链节点的创建以及超级链网络的部署。

2）使用 Go 语言在部署好的区块链系统上创建存证应用。

3）实现局域网下的通信。

8.2 实验环境配置

实验的环境配置如下。

1. 实验操作系统与基本工具

1）操作系统：支持 Linux 以及 Mac OS。

2）开发语言：Go 1.12.x 及以上。

3）编译器：GCC 4.8.x 及以上。

4）版本控制工具：Git。

2. 配置 Go 语言编程环境

1）安装 Go 语言编译环境，需要 Go 语言版本为 1.12 及以上。

2）下载二进制包，例如 go1.4.linux-amd64.tar.gz。

3）将下载的二进制包解压至 /usr/local 目录。

```
tar -C /usr/local -xzf go1.4.linux-amd64.tar.gz
```

4）将 /usr/local/go/bin 目录添加至 PATH 环境变量。

```
export PATH=$PATH:/usr/local/go/bin
```

Mac 操作系统下可以使用 .pkg 结尾的安装包直接双击来完成安装，安装目录在/usr/local/go/ 下。

3. 安装 Git

1）Linux 环境下：（以 Ubuntu 为例）使用以下命令安装。

```
sudo apt-get install git
```

2）Mac 环境下：安装 homebrew，然后通过 homebrew 安装 Git。

```
brew install git
```

4. 编译 XuperChain

1）使用 Git 下载源码到本地：

```
git clone https://github.com/xuperchain/xuperchain.git
```

2）执行命令：

```
cd src/github.com/xuperchain/xuperchain&&make
```

3）在 output 目录得到产出 xchain 和 xchain-cli。

8.3　实验步骤

实验的步骤过程如下。

8.3.1　搭建节点

第 1 步，分别在主机一和主机二创建节点。

```
mkdir node1
cp -r output/*  node1
```

第 2 步，修改配置。

主机一和主机二上生成 address 和 netURL：

```
./xchain-cli account newkeys -f
./xchain-cli netURL gen
```

注意，此时需要把 netURL 中的本地 IP 改成主机的实际 IP。

在主机一上执行以下命令：

```
./xchain-cli netURL get
# 得到类似于这样的 netURL 返回
"/ip4/192.168.1.141/tcp/47101/p2p/QmVxeNubpg1ZQjQT8W5yZC9fD7ZB1ViArwvyGUB53sqf8e"
```

修改主机二的 bootNodes：

```
vim conf/xchain.yaml
# node_ config
日志配置
log:
# 模块名称
nodule: xchain
# 日志目录
filepath: logs
# 日志文件名
filename: xchain
fnt:_ logfmt
# 是否打印命令行工具端口
console:_ true
# 日志等级
level: debug
RPC 服务暴露的端口
tcpServer:
port: :37101
# prometheus 监控指标端口,为空的话就不启动
metricPort: :37200
tls: false
# cachePeriod: 2
# 最大接受数据包长度
# 区块链节点配置
p2p:
# module is the name of p2p module plugin, value is [p2pv2/p2pV], default is p2pv2
module: p2pv2
```

```
port:_ 4710i
# certPath: . /data/tls/1
tserviceName: saas_ test. server. com
# bootNodes:
# -"/1p4/dp>/tcp/ φort>/p2p/ <node_ hash>" for p2pv2 or - "<ip>: <port>" for p2pv1
# staticNodes:
# xuper: .
# - "127. 0. 0. 1:47102"

miner:
# 密钥存储路径
keypath: . /data/keys
# 数据存储路径
datapath: . /data/blockchain
# 多盘存储的路径
" conf/xchain. yaml" 127L, 2618C
```

将 bootNodes 的 IP 改成主机一上的 netURL 返回。

第 3 步，分别在主机一和主机二上执行以下操作：

```
./xchain-cli createChain
# 注意这里需要使用解释模式来启动
nohup ./xchain --vm ixvm &
```

查看环境是否正常：

```
./xchain-cli status -H 192. 168. 1. 141:37101
```

查看主机一的状态，其中 peers 显示的是主机二的地址，说明环境搭建成功。

```
(base) secortot :node1 secortot $ ./xchain-cli netURL get -H 127. 0. 0. 1:37101
"/ip4/127. 0. 0. 1/tcp/47101/p2p/QmZRaeFqvaTsVoWVLM9m72LWrTRwTHS9wpySQoS2nHt1U"
(base) secortot :node1 secortot $ ./xchain-cli status -H 127. 0. 0. 1:37101
{
  "blockchains": [
```

```
{
  "name" : "xuper" ,
  "ledger" : {
  "rootBlockid" :"94248ef7a1c1e8b043d4621cc3cc1bf1eb15e74c9c4fdedded0cdee199cd84d2",
  "tipBlockid" :"94248ef7a1c1e8b043d4621cc3cclbf1eb15e74c9c4fdedded0cdee199cd84d2",
  "trunkHeight" : 0
}
  "utxo" : {
  "latestBlockid" :"94248ef7a1c1e8b043d4621cc3cc1bf1eb15e74c9c4fdedded0cdee199cd84d2",
  "lockKeyList" : null,
  "utxoTotal" : 100000000000000000,
  "avgDelay" : 0,
  "unconfirmed" : 0,
  "maxBlockSize" : 134217728,
  "reservedContracts" :
  "forbiddenContract" : {
  "moduleName"  : "",
  "contractName"  : "",
  "methodName"  : "",
  "args" : {},
  "resource_ . limits" : null
},
  "newAccountResourceAmount" : 1000,
  "irreversibleBlockHeight" : 0,
  "irreversibleSlideWindow" : 0,
  "gasPrice" : {
  "cpu_ rate" : 1000,
  "mem_ rate" : 1000000,
  "disk_ rate" : 1,
  "xfee_ rate" : 1
  }
},
```

```
        "branchBlockid": null
    }
  ],
  "peers": null,
  "speeds": {
      "BcSpeeds": {
        "xuper": {}
      }
  }
}
```

8.3.2　合约账户的创建及基本操作

第 1 步，在主机一上创建合约账户：

```
xchain-cli account new --desc account.des
```

其中，account.des 文件内容如下：

```
{
  "module_name": "xkernel",
  "method_name": "NewAccount",
  "args" : {
        "account_name": 111111111111", # 说明:账户名称是 16 位数字组成的字符串
        # acl 中的内容注意转义
        "acl": {\"pm\": {\"rule\": 1,\"acceptValue\": 0.6},\" aksWeight\": {\"AK1\": 0.3,
\"AK2\": 0.3}
    }
}
```

AK1 和 AK2 分别填主机一和主机二的 address。

第 2 步，查询账户 ACL：

```
xchain-cli acl query --account XC1111111111111111@xuper # account 参数为合约账户名称
```

查询结果如下：

```
{
    "pm": {
        "rule": 1,
        "acceptValue": 0.6
    },
    "aksWeight": {
        "dpzvVdosOrfF2KmzumhVeFQZa11aYcdgFpN": 0.3,
        "mSBrkJGWH4Hv6u7GnkY1pHePn6VPizzbPU": 0.3
    }
}
confirmed
```

第3步，查询账户余额：

```
./xchain-cli account balance XC1111111111111111@xuper -H 127.0.0.1:37101
```

8.3.3 合约代码简介

合约代码由XuperChain所开源的代码提供，合约代码主要有以下两个方法。

1）初始化方法Initialize，当且仅当合约被部署的时候会执行一次。

```
func (c *c1) Initialize(ctx code.Context) code.Response {
    return code.OK(nil)
}
```

2）合约调用方法（Invoke方法）。

```
func (C *c1) Invoke(ctx code.Context) code.Response {
    // 获取cnt变量
    var cnt int
    cntstr,_ := ctx.GetObject([]byte("cnt"))
    if cntstr != nil {
        cnt, _ = strconv.Atoi(string(cntstr))
```

```
}
// 发起转账
args := ctx.Args()
toaddr := string(args["to"])
amount := big.NewInt(1)
err := ctx.Transfer(toaddr, amount)
if err !=nil {
    return code.Error(err)
}
// 发起跨合约调用
callArgs := map[string][]byte{
    "to": []byte(toaddr),
}
resp, err := ctx.Call("wasm", "C2", "invoke", callArgs)
if err != nil {
    return code.Error(err)
}
if code.IsStatusError(resp.Status) {
    return *resp
}
// 根据合约调用结果记录到 call 变量中并持久化
err = ctx.PutObject([]byte("call"), resp.Body)
if err != nil {
    return code.Error(err)
}
// 对 cnt 变量加 1 并持久化
cnt=cnt+1
err = ctx.PutObject([]byte("cnt"), []byte(strconv.Itoa(cnt)))
if err != nil {
    return code.Error(err)
}
cntstr = []byte(strconv.Itoa(cnt))
return code.Response{
```

```
        Status:200,
        Message: string(cntstr) + ":" + string(resp.Body),
        Body:  cntstr,
    }
}
```

8.4 预期结果

实验的预期结果如下。

8.4.1 编译合约

第1步，在主机一上切换目录：

```
cd xuperchain/core/contractsdk/go/example/call/c1
```

第2步，设置代理并编译：

```
GOOS=js GOARCH=wasm go build c1.go
```

若此时报错，错误如下：

```
go: github.com/BurntSushi/toml@v0.3.1: Get "https://proxy.golang.org/github.com/%21burnt%21sushi/toml/@v/v0.3.1.mod": dial tcp 172.217.24.17:443: i/o timeout
```

可能是所下载的库依赖于官方库，而官方网站被封禁导致。处理的方法为设置代理：

```
go env -w GOPROXY=https://goproxy.cn
```

设置完之后重新执行即可。

第3步，将编译好的二进制文件放到指定目录：

```
cp core/contractsdk/go/example/call/c1/c1    node1/data/blockchain/xuper/wasm/
```

8.4.2 合约部署及执行

第1步，修改acl。

在 data/acl 中创建文件，文件的内容示例（两个 address 分别是主机一和主机二的 address）：

```
XC1111111111111111@ xuper/9LArZSMrrRorV7T6h5T32PVUrmdcYLbug
XC1111111111111111@ xuper/gLAdZSMtkforV7T6h5TA14VUrfdcYLbuy
```

接下来生成要多重签名的交易：

```
./xchain-cli multisig gen --desc acl_new. json -from XC1111111111111111@ xuper
```

使用原 acl 账户对其进行签名：

```
./xchain-cli multisig sign --keys data/account/AK1 --output AK1. sign
./xchain-cli multisig sign --keys data/account/AK2 --output AK2. sign
[workixchain. demo xchain_3. 2]$ ./xchain-cli multisig sign --tx ./tx. out-output
1. sign --keys data/keys/
{
    "PublicKey":"{\"Curvname\":\"P-256\" ,\"X\":746956174771600587577472082203712368374742102471144187752622294978129625824 35,\"Y\" :51348715319124770392993866417088542497927816017012182211244120852620959209571}" ,
    "Sign":"MEYCIQCD9SGX6CTjq57bu3X2NHmZdYDqm0SLnXKDGqld3iTttwIhAPHoP12C8mSP0D0ZWY0JrjQEYx5jkZI1frtzjhNICnNz"
}
```

把生成的 tx. out 发送出去：

```
./xchain-cli multisig send --tx tx. out AK1. sign,AK2. sign AK1. sign,AK2. sign
. workaxchain. demo xchain_3. 2]$ ./xchain-cli multisig send 1. sign 1. sign,2. sign --tx tx. out
Tx id:d35732c294edaa104d16f664c488dd43a98721747c0d9aee2c87f2dc81956c6d
```

第 2 步，部署合约：

```
./xchain-cli wasm deploy --account XC1111111111111111@ xuper --cname eleccert  -a '{"cnt":"100"}' -A data/acl/addrs -o tx. output --keys data/keys --name xuper -H localhost:37101 /usr/local/src/xuperchain/xuperchain/node1/data/blockchain/xuper/wasm/c1 --fee 5568179 --runtime=go
```

命令解释如下。

wasm deploy：此为部署 wasm 合约的命令参数，在此不做过多解释。

--account XC1111111111111111@ xuper：此为部署 wasm 合约的账户（只有合约账户才能进行合约的部署）。

--cname counter：这里的 counter 是指部署后在链上的合约名字，可以自行命名（但有规则，长度为 4~16 字符）。

-a '{"cnt"："100"}'：此为传入合约的参数，供合约 Initialize 方法使用。

-A data/acl/addrs：此为需要收集签名的列表，默认路径为 data/acl/addrs，如果不是，则需要显式传入（注意权重要满足 acl 要求）。

-o tx. output：此为输出的 tx 文件，可以不传，默认文件名为 tx. out。

--keys data/keys：此为部署发起者的密钥地址，可以不传，默认值为 data/keys（部署发起者也要进行签名）。

--name xuper：此为区块链名称，默认为 xuper，如果创建的链名称不是 xuper，则需要显式传入。

-H localhost：37101：xchain 服务的地址，默认是本机的 37101 端口，如果不是，则需要显式传入。

执行效果如下：

```
contract response:
The gas you consume is: 5568179
The fee you pay is: 5568179
Tx id:e4c8d06df38215410b3a363a402cf995ccf5d240049e1650a3feca9e80668424
```

第 3 步，合约执行。

调用：

```
/xchain-cli wasm invoke -a '{"cnt": "100"}' --method invoke -H 192.168.1.141:37101 c1 --fee 5568179
```

执行效果如下：

```
The gas you consume is: 102477
The fee you pay is: 5568179
Tx id: a74d0b679da207a90aa9b57a43f80a44208ee22d16c646adf251ed794c6cf9a8
```

8.5　思考题

1. 为什么区块链技术能应用于局域网？
2. 简述基于局域网的智能合约调用过程。
3. 简述百度超级链在基于局域网的智能合约调用中的优势与特点。

第9章 基于测试环境的合约交易应用开发

本章以交易所买卖股票为背景，介绍了如何使用百度超级链来进行基于测试环境的合约交易应用开发。

9.1 实验概述

实验内容概述如下。

1. 实验背景

目前，人们在资产交易中存在一些问题。以人们在交易所买卖股票为例，目前在交易所买卖股票实行的多是 T+1 制度，也就是说用户当天卖了股票，资金到账的话要等第二天。如果遇到节假日还要往后顺延，如果遇到十一、春节这样的假期，可能在一周之后资金才能到账。原因是交易所、中央证券登记结算机构、银行是三个不同的机构。若只考虑在交易所买卖股票这件事，其成交时间是按秒计算的，但是这种秒级的成交，只限于信息层面。真正的成交还需要中央证券登记结算机构真正完成所有权的转移，然后还需要经过银行完成资金的转移。一旦涉及交易所之外的其他机构，就需要机构与机构之间的对账和结算过程，这个过程是需要耗费时间的。

当人们买卖股票时，要先通过交易所，再依次通过中央证券登记结算机构和银行，必须要等 T+1 才能到账，此时业务卡在了股票结算上。当人们操作股票、跨境汇款使得大部分资产不能实时到账时，其实等待系统做的是两件事，即确认身份和确认权益。

但是区块链有独特的公钥、私钥体系，只要用户能够出示私钥就能证明其身份，而买卖股票需要通过中央证券登记结算机构进行登记结算的复杂程序。基于区块链发行可以保证股票交易的过程，一方面是交易信息转移的过程，另一方面是所有权转移的过程，简言之就是交易及结算。

2. 实验目的

1）了解区块链的基本原理。

2）了解百度超级链的基本使用方法。

3）基于百度超级链平台实现资产的交易。

4）通过实验加深读者对于区块链和超级链的认知，同时通过实验加强读者对于超级链底层技术（如共识算法、加密算法等）的理解与掌握。

3. 实验内容

本实验以百度超级链为基础平台，通过在该平台上创建合约账户以及合约部署实现账户之间的资产交易。本实验需要两个关键步骤：一是在超级链平台上创建合约账户以及部署合约；二是使用 Go 语言在部署好的区块链系统上实现账户之间的资产交易以及查询。

9.2 实验环境配置

实验环境配置如下。

1. 实验操作系统与基本工具

1）操作系统：支持 Linux 以及 Mac OS。

2）开发语言：Go 1.12.x 及以上。

3）编译器：GCC 4.8.x 及以上。

4）版本控制工具：Git。

2. 配置 Go 语言编程环境

1）安装 Go 语言编译环境，需要 Go 语言版本为 1.12 及以上。

2）下载二进制包，例如 go1.14.linux-amd64.tar.gz。

3）将下载的二进制包解压至 /usr/local 目录。

```
tar -C /usr/local -xzf go1.14.linux-amd64.tar.gz
```

4）将 /usr/local/go/bin 目录添加至 PATH 环境变量。

```
export PATH=$PATH:/usr/local/go/bin
```

Mac 操作系统下可以使用 .pkg 结尾的安装包直接双击来完成安装，安装目录在/usr/

local/go/ 下。

3. 安装 Git

1）Linux 环境下：（以 Ubuntu 为例）使用以下命令安装。

```
sudo apt-get install git
```

2）Mac 环境下：安装 homebrew，然后通过 homebrew 安装 Git。

```
brew install git
```

4. 编译 XuperChain

1）使用 Git 下载源码到本地：

```
git clone https://github.com/xuperchain/xuperchain.git
```

2）执行命令：

```
cd src/github.com/xuperchain/xuperchain&&make
```

3）在 output 目录得到产出 xchain 和 xchain-cli。

9.3 实验步骤

实验的步骤过程如下。

9.3.1 新建链上用户

第 1 步，覆盖式创建账户。

```
rm -r data/keys
./xchain-cli account newkeys
# 输出结果
create account using crypto type default
create account in ./data/keys
```

第 2 步，查询账户余额。

```
# 直接访问测试网,无需开启服务节点
./xchain-cli account balance asiRErZLVLVLXNa9qgUttZ5b5ym3uedvJ -H  14.215.179.74:37101
# 输出结果
4983890
# asiRErZLVLVLXNa9qgUttZ5b5ym3uedvJ 为账户地址
```

第 3 步，查询测试网状态。

```
./xchain-cli status -H 14.215.179.74:37101
# 只显示部分内容
lpw@ubuntu:~/XuperChain/xuperchain/output$./xchain-cli status -H  14.215.179.74:37101
{
    "blockchains":[
    {
        "name":"xuper",
        "ledger":{
            "rootBlockid":"d3afc6b87co5bfd79c9da03b5e8f81389ea63552b8ccb84c6a0a5e9cca52a4b7",
            "tipBlockid":"a906c2a7c287f9ece69b743333e64a62bd21c11be96175e207fdf62aac0fe2a1",
            "trunkHeight":7943618
        },
        "utxo":{
            "latestBlockid":"a906c2a7c287f9ece69b743333e64a62bd21c11be96175e207fdf62aac0fe2a1",
            "lockKeyList":null,
            "utxoTotal":"100000000000000",
            "avgDelay":2198,
            "unconfirned":0,
            "maxBlocksize":16777216,
            "reservedcontracts":[
            {
                "moduleNane":"wasm",
                "contractNane":"unified_check",
                "methodNane":"verify",
                "args":{
```

```
                    "contract": "{{.ContractNames}}"
                },
                resource_linits": null
            }
        ]
      }
    }
  ]
}
```

9.3.2 创建合约账户

第1步，创建合约账户。

```
mkdir userconfig &&cd userconfig && vim newcontractaccount.json
#
{
    "module_name": "xkernel",
    "method_name": "NewAccount",
    "args": {
        "account_name": "1234098776890001", // 16位数字组成的字符串
        "acl": "{\"pm\": {\"rule\": 1,\"acceptValue\": 1},\"aksWeight\":
              {\"asiRErZLVLVLXNa9qgUttZ5b5ym3uedvJ\": 1}}"
        // 这里的address改成自己的address
    }
}
```

第2步，设置黄反背书服务，初次使用都需要配置这个文件。

```
# 创建文件,并添加内容,保存退出
vi data/acl/addrs
# 添加黄反服务地址
XDxkpQkfLwG6h56e896f3vBHhuN5g6M9u
# 查看添加之后的效果
```

```
cat data/acl/addrs
# 输出
XDxkpQkfLwG6h56e896f3vBHhuN5g6M9u
```

第 3 步，生成创建合约账户的原始交易。

```
./xchain-cli multisig gen --desc userconfig/newcontractaccount.json -H  14.215.179.74:37101 --fee
1000 --output ./userconfig/rawTx.out
# 输出
......
"initiator": "asiRErZLVLVLXNa9qgUttZ5b5ym3uedvJ",
"authRequire": ["XDxkpQkfLwG6h56e896f3vBHhuN5g6M9u"],
"initiatorSigns": null,
"authRequireSigns": null,
"receivedTimestamp:": 0
```

第 4 步，向黄反服务获取签名。

```
./xchain-cli multisig get --tx ./userconfig/rawTx.out --host 14.215.179.74:37101 --output ./
userconfig/complianceCheck.out
```

第 5 步，对原始交易进行签名。

```
./xchain-cli multisig sign --tx ./userconfig/rawTx.out --output ./userconfig/my.sign
```

第 6 步，将黄反服务交易签名输出，原始交易输出以及对原始交易的签名发送出去。

```
./xchain-cli multisigsend ./userconfig/my.sign ./userconfig/complianceCheck.out --tx ./userconfig/raw-
Tx.out -H  14.215.179.74:37101
```

第 7 步，查询创建的合约账户。

```
./xchain-cli account query --host 14.215.179.74:37101
# 结果
[
    "XC1234098776890001@xuper"
]
```

```
# 查看 ACL 权限
./xchain-cli acl query --account XC1234098776890001@xuper --host  14.215.179.74:37101
# 结果
{
    "pm": {
        "rule": 1
    },
    "aksWeight": {
        "asiRErZLVLVLXNa9qgUttZ5b5ym3uedvJ": 1
    }
}
Confirmed
```

9.3.3 设置合约账户访问权限

再次设置 ACL 是为了适用于需要修改合约账户访问权限的情况。接下来将使用新的账户去更改原先的合约账户的所属账户的 ACL 权限，前期准备如下。

（1）创建一个新账户

```
./xchain-cli account newkeys --output data/yzwaccount
cat data/yzwaccount/address
# 结果
VFd5yGvm2WPdDd3AbygdpdFES1BKr2ZnW
```

（2）修改 acl/addrs，添加权限设置

```
XDxkpQkfLwG6h56e896f3vBHhuN5g6M9u
XC1234098776890001@xuper/VFd5yGvm2WPdDd3AbygdpdFES1BKr2ZnW
```

第 1 步，生成设置合约账户的原始交易。

```
# 编写 accountAclSet.json 文件
vi userconfig/accountAclSet.json
# 模版如下
{
```

```
    "module_name": "xkernel",
    "method_name": "SetAccountAcl",
    "args" : {
        "account_name": "XC1234098776890001@xuper",
        "acl": "{\"pm\": {\"rule\": 1,\"acceptValue\": 1},\"aksWeight\":
            {\"VFd5yGvm2WPdDd3AbygdpdFES1BKr2ZnW\": 1}}"
    }
# 交易命令
./xchain-cli multisig gen --desc  ./userconfig/accountAclSet.json -H  14.215.179.74:37101 --fee 10
--output  ./userconfig/rawTx.out
# 结果
......
"initiator": "asiRErZLVLVLXNa9qgUttZ5b5ym3uedvJ",// 合约发起者
  "authRequire": [
    "XDxkpQkfLwG6h56e896f3vBHhuN5g6M9u",
    "XC1234098776890001@xuper/VFd5yGvm2WPdDd3AbygdpdFES1BKr2ZnW"
    // 合约账户及拥有权限的 ACL 账户,此处已经修改过了
  ],
  "initiatorSigns": null,
  "authRequireSigns": null,
  "receivedTimestamp:": 0
 }
```

第 2 步，向黄反服务获取签名。

```
./xchain-cli multisig get --tx ./userconfig/rawTx.out --host 14.215.179.74:37101 --output ./
userconfig/complianceCheck.out
```

第 3 步，对原始交易进行签名。

```
./xchain-cli multisig sign --tx ./userconfig/rawTx.out --output  ./userconfig/my.sign
```

第 4 步，使用合约账户对合约 ACL 原始交易输出签名。

```
./xchain-cli multisig sign --tx ./userconfig/rawTx.out --keys  ./data/yzwaccount/ --output verify.sign
```

第5步，将原始交易以及签名发送出去。

```
./xchain - cli  multisig  send  ./userconfig/my.sign  ./userconfig/complianceCheck.out, ./userconfig/verify.sign --tx ./userconfig/rawTx.out  -H 14.215.179.74:37101
# 输出交易 ID
Tx id: d547f983992464718455836eff12de9be54698ba40bdddc3e24b608420f5a7e2
```

第6步，查看ACL访问权限。

```
./xchain-cli acl query --account XC1234098776890001@xuper -host  14.215.179.74:37101
# 结果
{
    "pm": {
        "rule": 1,
        "acceptValue": 1
    },
    "aksWeight": {
    "VFd5yGvm2WPdDd3AbygdpdFES1BKr2ZnW": 1
    }
}
Confirmed
```

9.3.4 合约账户资源充值

合约部署需要合约账户才能操作，因此会消耗合约账户的测试资源，需要开发者先将一部分个人账户的测试资源转给合约账户。

准备：去掉 data/acl/addrs 中的一些权限属性，只留黄反服务，否则会报错。

```
# cat data/acl/addrs
XDxkpQkfLwG6h56e896f3vBHhuN5g6M9u
```

第1步，生成测试资源转给合约账户的原始交易数据。

```
./xchain-cli multisig gen --to XC1234098776890001@xuper -amount 300000  --output  ./userconfig/rawTx.out  --host14.215.179.74:37101
```

第 2 步，向黄反服务获取签名。

```
./xchain-cli multisig get --tx ./userconfig/rawTx.out --output  ./userconfig/complianceCheck.out --host 14.215.179.74:37101
```

第 3 步，对原始交易进行签名。

```
./xchain-cli multisig sign --tx ./userconfig/rawTx.out --output  ./userconfig/my.sign
```

第 4 步，将原始交易以及签名发送出去。

```
./xchain-cli multisigsend ./userconfig/my.sign  ./userconfig/complianceCheck.out --tx ./userconfig/rawTx.out -H  14.215.179.74:37101
```

第 5 步，查询合约账户的测试资源数额，确定转账成功。

```
./xchain-cli account balance XC1234098776890001@xuper -H  14.215.179.74:37101
# 输出结果
300000
```

9.4　预期结果

实验预期结果如下。

9.4.1　合约部署

第 1 步，编译合约。

```
cd contractsdk/go/exampple/
go build counter.go
```

第 2 步，部署合约。

```
# 修改 acl/addrs,添加权限设置
SDnzqhbqm24NvHhFwThLXKpD9jFc9SzxH
XC1234098776890001@xuper/VFd5yGvm2WPdDd3AbygdpdFES1BKr2ZnW
# 将编译好的合约可执行文件 counter 复制到工作目录下 userconfig,并重命名
```

第3步，生成部署合约的原始交易。

```
./xchain-cli wasm deploy --account XC1234098776890001@xuper -cname  counter -H 14.215.179.74:37101 -m ./userconfig/counter -arg  '{"creator":"xchain"}' --output ./userconfig/contractRawTx.out --fee  145000
# 输出结果
The gas you consume is：144198
The fee you pay is：145000
```

第4步，向黄反服务获取签名。

```
./xchain-cli multisig get --tx ./userconfig/contractRawTx.out --host  14.215.179.74:37101 --output ./userconfig/complianceCheck.out
```

第5步，对原始交易进行签名。

```
./xchain-cli multisig sign --tx ./userconfig/contractRawTx.out -output  ./userconfig/my.sign
```

第6步，使用合约账户对合约原始交易输出签名。

```
./xchain-cli multisig sign --tx ./userconfig/contractRawTx.out --keys  ./data/yzwaccount/ --output ./userconfig/verify.sign
```

第7步，将原始交易以及签名发送出去。

```
./xchain-cli multisigsend ./userconfig/my.sign  ./userconfig/complianceCheck.out, ./userconfig/verify.sign --tx  ./userconfig/contractRawTx.out -H 14.215.179.74:37101
# 结果
Tx id：dbf7fbc2b780ec8f2d7863aebb2c5cd7b06e22aa6a7707143eceb6d61d00d461
```

9.4.2 合约调用

第1步，生成合约调用的原始交易。

```
./xchain-cli wasm invoke -a '{"key":"counter"}' --method increase counter -H  14.215.179.74:37101 --fee 90 -m--output ./userconfig/rawTx.out
# 输出
```

```
The gas you consume is: 86
The fee you pay is: 90
```

第 2 步，向黄反服务获取签名。

```
# 修改 acl 文件
cat data/acl/addrs
# 添加了普通合约账户 AK 的地址
XDxkpQkfLwG6h56e896f3vBHhuN5g6M9u
XC1234098776890001@xuper/VFd5yGvm2WPdDd3AbygdpdFES1BKr2ZnW

./xchain-cli multisig get --tx ./userconfig/rawTx.out --host  14.215.179.74:37101 --output ./userconfig/complianceCheck.out
```

第 3 步，对原始交易进行签名。

```
./xchain-cli multisig sign --tx ./userconfig/rawTx.out --output  ./userconfig/my.sign
```

第 4 步，使用合约账户对合约原始交易输出签名。

```
./xchain-cli multisig sign --tx ./userconfig/rawTx.out --keys  ./data/yzwaccount/ --output ./userconfig/verify.sign
```

第 5 步，将原始交易以及签名发送出去。

```
./xchain-cli multisigsend ./userconfig/my.sign  ./userconfig/complianceCheck.out, ./userconfig/verify.sign -tx  ./userconfig/rawTx.out -H 14.215.179.74:37101
# 输出
Tx id: 72f3ab82df9d4b878c3442f7a50f39d90ad43d65b69815bb0339f381b23858d8
```

第 6 步，查询交易信息。

```
./xchain-cli wasm query -a '{"key":"counter"}' --method get -H  14.215.179.74:37101 counter


./xchain-cli wasm query counter --args '{"key":"counter"}' -H  14.215.179.74:37101
```

9.5 思考题

1. 简述区块链技术在交易所买卖股票中的优势。
2. 简述基于测试环境的合约交易应用开发过程。
3. 简述基于测试环境的合约交易应用的特点。

第 10 章 基于智能合约的数字资产交易

本章以数字资产交易为例，简要介绍了一个利用区块链技术实现的应用场景，并给出了相应步骤和关键代码。

10.1 实验概述

实验的内容概述如下。

1. 实验背景

随着信息化时代的演进，信息化在人们的生活中扮演着愈加重要的角色，也产生了许许多多的应用场景，数字资产便是其中一个常见的场景。

当人们通过基于区块链技术的智能合约，将实体世界的资产进行数字化，便形成了数字资产，数字资产通过类似于比特币交易的点对点网络进行登记存管、转让交易、清算交收。这种技术可以记录股权、债权、证券、金融合约、积分、票据、货币等各种权益和资产，可应用的领域包括股权众筹、股权交易、员工持股计划、P2P 借贷、积分、基金以及供应链金融等。

本实验以数字资产交易为例，演示了如何基于超级链进行交易。

2. 实验目的

1）了解区块链的基本原理。

2）了解百度超级链的基本使用方法。

3）了解数字资产的概念以及数字资产的应用场景。

4）了解区块链的一些应用场景，如何根据应用场景来编写区块链代码。

3. 实验内容

本实验以百度超级链为基础平台，通过在该平台上搭建区块链节点以实现存证场景的区块链应用。本实验的关键步骤如下。

1）部署基本的区块链环境。

2）在超级链平台上实现区块链节点的创建以及超级链网络的部署。

3）使用 Go 语言在部署好的区块链系统上创建数字资产应用。

10.2 实验环境配置

实验的环境配置如下。

1. 实验操作系统与基本工具

1）操作系统：支持 Linux 以及 Mac OS。

2）开发语言：Go 1.12.x 及以上。

3）编译器：GCC 4.8.x 及以上。

4）版本控制工具：Git。

2. 配置 Go 语言编程环境

1）安装 Go 语言编译环境，需要 Go 语言版本为 1.12 及以上。

2）下载二进制包，例如 go1.4.linux-amd64.tar.gz。

3）将下载的二进制包解压至 /usr/local 目录。

```
tar -C /usr/local -xzf go1.4.linux-amd64.tar.gz
```

4）将 /usr/local/go/bin 目录添加至 PATH 环境变量。

```
export PATH=$PATH:/usr/local/go/bin
```

Mac 操作系统下可以使用 .pkg 结尾的安装包直接双击来完成安装，安装目录在/usr/local/go/ 下。

3. 安装 Git

1）Linux 环境下：（以 Ubuntu 为例）使用以下命令安装。

```
sudo apt-get install git
```

2）Mac 环境下：安装 homebrew，然后通过 homebrew 安装 Git。

```
brew install git
```

4. 编译 XuperChain

1）使用 Git 下载源码到本地：

```
git clone https://github.com/xuperchain/xuperchain.git
```

2）执行命令：

```
cd src/github.com/xuperchain/xuperchain&&make
```

3）在 output 目录得到产出 xchain 和 xchain-cli。

10.3　实验步骤

实验的步骤过程如下。

10.3.1　生成 netURL& 配置启动节点

第 1 步，分别在主机一和主机二创建节点。

```
mkdir node1
cp -r output/*  node1
```

第 2 步，修改配置。

主机一和主机二上生成 address 和 netURL：

```
./xchain-cli account newkeys -f
./xchain-cli netURL gen
```

注意，此时需要把 netURL 中的本地 IP 改成主机的实际 IP。

在主机一上执行以下命令：

```
./xchain-cli netURL get
# 得到类似于这样的 netURL 返回
"/ip4/192.168.1.141/tcp/47101/p2p/OmvxeNubpg1zQjQT8w5yzC9fD7ZB1ViArwvyGUB53sqf8e"
```

修改主机二的 bootNodes：

```
vim conf/xchain. yaml

# 区块链节点配置
p2p:
# module is the name of p2p nodule plugin, value is [ p2pv2/p2pv1], default is
# p2pv2
module: p2pv2
port: 47101
# certPath: ./data/tls/1
# seviceName: saas_test. server. com
# bootNodes:
#: - '/ip4/<ip>/tcp/port>/p2p/<node_hash>' for p2pv2 or - '<ip>: <port>' for
# p2pv1
# staticNodes:
# xuper:
# - "127. 0. 0. 1:47102"
```

将 bootNodes 的 IP 改成主机一上的 netURL 返回。

第 3 步：分别在主机一和主机二上执行以下操作：

```
./xchain-cli createChain
# 注意这里需要使用解释模式来启动
nohup ./xchain --vm ixvm &
```

查看环境是否正常：

```
./xchain-cli status -H 192. 168. 1. 141:37101
```

查看主机一的状态，其中 peers 显示的是主机二的地址，说明环境搭建成功。

```
(base) secortot:node1 secortot$./xchain-cli netURL get -H 127. 0. 0. 1:37101
"/ip4/127. 0. 0. 1/tcp/47101/p2p/QmZRaeFqvaTsVoVVLM9m72LWrTRwTHS9wpySQoS2nHt1u"
(base) secortot:node1 secortot$./xchain-cli status -H 127. 0. 0. 1:37101
{
```

```
"blockchains":[
{
    "name": "xuper",
    "ledger": {
    "rootBlockid":"94248ef7a1c1e8b043d4621cc3cc1bf1eb15e74c9c4fdedded0cdee199cd84d",
    "tipBlockid":"94248ef7a1c1e8b043d4621cc3cc1bf1eb15e74c9c4fdedded0cdee199cd84d2",
    "trunkHeight": 0
    }
},
"utxo": {
    "latestBlockid":"94248ef7a1c1e8b043d4621cc3cc1bf1eb15e74c9c4fdeddedBcdee199cd84d2",
    "lockKeyList": null,
    "utxoTotal": "100o880oeo0000088000e",
    "avgDelay": 0,
    "unconfirmed": 0,
    "maxBlockSize": 134217728,
    "reservedContracts":[],
    "forbiddenContract": {
        "moduleName": "",
        "contractName": "",
        "methodName": "",
        "args": {},
        "resource_limits": null
    },
    "newAccountResourceAmount": 1000,
    "irreversibleBlockHeight": 0,
    "irreversibleSlideWindow":0,
    "gasPrice":{
        "cpu_rate": 1000,
        "mem_rate": 1000000,
        "disk_rate": 1,
        "xfee_rate": 1
},
```

```
    "branchBlockid": null
  }
 ],
 "peers": null,
 "speeds": {
    "BcSpeeds": {
        "xuper": {}
    }
 }
}
```

10.3.2 创建并配置超级链合约账户

第1步，在主机一上创建合约账户：

```
xchain-cli account new --desc account.des
```

其中，account.des 文件内容如下：

```
{
    "module_name": "xkernel" ,
    "method_name":"NewsAccount",
    "args": {
        # 说明:账户名称是16位数字组成的字符串
        "account_name"": "1111111111111111",
        # acl 中的内容注意转义
        "acl":"{\"pm\":{\"rule\": 1, \ "acceptValue\": 0.6}, \"aksweight\":
            {\"AK1\":0.3,\"AK2\":0.3}
    }
}
```

AK1 和 AK2 分别填主机一和主机二的 address。

第2步，查询账户 ACL：

```
xchain-cli acl query --account XC1111111111111111@xuper # account 参数为合约账户名称
```

查询结果如下：

```
{
  "pm": {
    "rule": 1,
    "acceptValue": 0.6
  },
  "aksweight": {
    "dpzuVdosQrF2kmzumhVeFQZa1aYcdgFpN": 0.3,
    "mSBrkJGWH4Hv6u7GnkY1pHePn6VPizbPU": 0.3
  }
}
confirmed
```

第 3 步，查询账户余额：

```
./xchain-cli account balance XC1111111111111111@xuper -H 127.0.0.1:37101
account balance:10000001
```

10.3.3　合约代码简介

1. 背景介绍

ERC721 是数字资产合约，交易的商品是非同质性商品。其中，每一份资产，即 token_id 都是独一无二的类似收藏品交易。

合约代码应该实现的一些功能如下。

1）通过 Initialize 方法，向交易池注入自己的 token_id，其中，token_id 必须是全局唯一的。

2）通过 Invoke 方法，执行不同的交易功能。

transfer：userA 将自己的某个收藏品 token_id 转给 userB。

approve：userA 将自己的某个收藏品 token_id 的售卖权限授予 userB。

transferFrom：userB 替 userA 将赋予权限的收藏品 token_id 卖给 userC。

approveAll：userA 将自己的所有收藏品 token_id 的售卖权限授予 userB。

3）通过 Query 方法，执行不同的查询功能。

balanceOf：userA 的所有收藏品的数量。

totalSupply：交易池中所有的收藏品的数量。

approvalOf：userA 授权给 userB 的收藏品的数量。

2. 代码介绍

合约代码由 XuperChain 所开源的代码提供，合约代码主要有以下几个方法。

1）初始化方法 Initialize，当且仅当合约被部署的时候会执行一次。

```
func (e *erc721) Initialize(ctx code.Context) code.Response {
    e.setContext(ctx)
    supplystr := string(ctx.Args()["supply"])
    if supplystr == "" {
        return code.Errors("Missing key: supply")
    }
    from := string( ctx.Args()["from"])
    if from =="" {
        return code.Errors ("Missing key: supply")
    }
    vals := e.getObject("totalsupply")
    supply := []int64{}
    for _, s := range strings.Split(supplystr, ",") {
        num, _ := strconv.ParseInt(s,10,64)
        for _, o := range *vals i{
            if num == o {
                break
            }
        }
        *vals = append (*vals, num)
        supply = append (supply, num)
    }
    supplyJSON,_ := json.Marshal(vals)
    ctx.PutObject([]byte("totalsupply" ), supplyJSON)
    log.Printf("Initialize: totalSupply: %v", string(supplyJSON))
```

```
    log. Printf("Initialize: from: %v,vals: %v" , from, supply)

    e. fillBalanceOf(from)
    key := e. makeBalanceofKey (from)
    for _, s := range supply {
        * e. balanceOf[key] = append (xe. balanceof [key], s)
    }
    e. commitBalanceof(from)
    return code. OK(nil)
}
```

2）合约调用方法（Invoke 方法）。

```
func (e * erc721) Invoke(ctx code. Context) code. Response {
    e. setContext(ctx)
    action := string(ctx. Args() ["action"])
    if action == ""{
        return code. Errors("Missing key: action")
    }
    switch action {
    case "transfer":
        return e. Transfer(ctx)
    case "transferFrom":
        return e. TransferFrom(ctx)
    case "approve"
        return e. Approve(ctx)
    case "approveAll":
        return e. ApproveAll(ctx)
    default:
        return code. Errors("Invalid action " +action)
    }
}
```

3）查询方法（Query 方法）。

```
func (e *erc721) Query(ctx code.Context) code.Response {
    action := string(ctx.Args()["action"])
    if action == "" {
        return code.Errors("Missing key: action")
    }
    switch action {
        case "totalSupply":
            return e.total(ctx)
        case "balanceOf":
            return e.balance(ctx)
        case "approvalOf":
            return e.approval(ctx)
        default:
            return code.Errors("Invalid action " + action)
    }
}
```

10.4 预期结果

实验的预期结果如下。

10.4.1 编译合约

第 1 步，编译：

```
GOOS=js GOARCH=wasm go build c1.go
```

第 2 步，将第 1 步的文件放到指定目录：

```
cp core/contractsdk/go/example/call/c1/c1  node1/data/blockchain/xuper/wasm/
```

10.4.2　合约命令解释及执行合约

第 1 步，修改 acl。与 8.4.2 节步骤一样，在此不再赘述。

第 2 步，部署合约：

```
./xchain-cli wasm deploy --account XC1111111111111111@xuper -cname  erc721-a '{"cnt":"100"}' -A data/acl/addrs -o tx.output --keys data/keys  --name xuper -H localhost:37101 /usr/local/src/xuperchain/xuperchain/node1/data/blockchain/xuper/wasm/c1 --fee 5568179 --runtime=go
```

命令解释如下：

wasm deploy：此为部署 wasm 合约的命令参数，在此不做过多解释。

--account XC1111111111111111@xuper：此为部署 wasm 合约的账户（只有合约账户才能进行合约的部署）。

--cname counter：这里的 counter 是指部署后在链上的合约名字，可以自行命名（但有规则，长度为 4~16 字符）。

-a '{"cnt":"100"}'：此为传入合约的参数，供合约 Initialize 方法使用。

-A data/acl/addrs：此为需要收集签名的列表，默认路径为 data/acl/addrs，如果不是，则需要显式传入（注意权重要满足 acl 要求）。

-o tx.output：此为输出的 tx 文件，可以不传，默认文件名为 tx.out。

--keys data/keys：此为部署发起者的密钥地址，可以不传，默认值为 data/keys（部署发起者也要进行签名）。

--name xuper：此为区块链名称，默认为 xuper，如果创建的链名称不是 xuper，则需要显式传入。

第 3 步，合约执行。

调用：

```
/xchain-cli wasm invoke -a '{"cnt":"100"}' --method invoke -H  192.168.1.141:37101 c1 --fee 5568179
```

执行效果如下：

```
ownerOf: tokenID: xsdaldks7vjs8jkd8ngfjd9 in tids
totalSupply: vals: 100
```

```
balance: from: xsdaldks7vjs8jkd8ngfjd9, vals: 11111111011
approvalOf: key: kuj8kfu7jrfj8jfjrjrm9kfi9, vals: 100%
bytedance@ C02D83DBML85 bupt_files % [ ]
```

10.5 思考题

1. 简述如何将区块链技术应用到数字资产交易中。
2. 简述区块链技术对数字资产交易的意义以及不足之处。
3. 讨论未来区块链技术对数字资产交易的应用方向。

第11章 学生证书成绩上链存证

本章以学生证书成绩上链为背景，介绍了如何使用百度超级链来进行基于百度开放网络的底层SDK与应用开发。

11.1 实验概述

实验的内容概述如下。

1. 实验背景

随着信息技术的不断推进，全球正式迈入了数字化时代，数字化在政治、经济、社会治理、群众生活等方面发挥了重要作用，不断重塑着现代社会的发展格局。为人们所熟知的证据类型也在经历着变革，电子证据开始逐渐应用于教育行业中。区块链，作为一种具有多方协作、不可篡改的分布式密码技术，基于区块链技术打造的存证凭证不仅能够保证信息的不可篡改，同时带有时间戳的链式区块结构还保证了存证具有极强的可验证性和可追溯性，与电子数据存证具有天然的契合点，为电子数据存证提供了新的解决思路，成为很多领域的必然选择。

本实验以学生证书成绩存证场景为例，演示了如何开发区块链应用以及如何实现上链等操作。

2. 实验目的

1）了解区块链的基本原理。

2）了解百度超级链的基本使用方法。

3）基于百度超级链平台搭建区块链应用。

4）通过实验提高读者对基于开放网络SDK的开发与应用的能力，同时通过实验加强读者对于超级链底层技术（如共识算法、加密算法等）的理解与掌握。

3. 实验内容

本实验以百度超级链为基础平台，通过在该平台上搭建区块链节点以实现存证场景的区块链应用。本实验有两个关键步骤：一是在超级链平台上实现区块链 SDK 的开发；二是使用 Go 语言调用超级链 SDK 创建学生证书成绩上链存证应用。

11.2 实验环境配置

实验的环境配置如下。

1. 实验操作系统与基本工具

1）操作系统：支持 Linux 以及 Mac OS。

2）开发语言：Go 1.12.x 及以上。

3）编译器：GCC 4.8.x 及以上。

4）版本控制工具：Git。

2. 配置 Go 语言编程环境

1）安装 Go 语言编译环境，需要 Go 语言版本为 1.12 及以上。

2）下载二进制包，例如 go1.14.linux-amd64.tar.gz。

3）将下载的二进制包解压至 /usr/local 目录。

```
tar -C /usr/local -xzf go1.14.linux-amd64.tar.gz
```

4）将 /usr/local/go/bin 目录添加至 PATH 环境变量。

```
export PATH=$PATH:/usr/local/go/bin
```

Mac 操作系统下可以使用 .pkg 结尾的安装包直接双击来完成安装，安装目录在/usr/local/go/ 下。

3. 安装 Git

1）Linux 环境下：（以 Ubuntu 为例）使用以下命令安装。

```
sudo apt-get install git
```

2）Mac 环境下：安装 homebrew，然后通过 homebrew 安装 Git。

```
brew install git
```

4. 编译 XuperChain

1）使用 Git 下载源码到本地：

```
git clone https://github.com/xuperchain/xuperchain.git
```

2）执行命令：

```
cd src/github.com/xuperchain/xuperchain&&make
```

3）在 output 目录得到产出 xchain 和 xchain-cli。

11.3　实验步骤

实验的步骤过程如下。

11.3.1　创建区块链开放网络 SDK

需要创建一个区块链应用以便于之后的调用，此时有两种方式可以创建。第一种是直接使用百度超级链平台提供的应用模板，第二种是读者编写自己需要的底层接口。首先介绍第一种方法。

登录百度超级链平台 https://xuper.baidu.com/? from=bydx，按照以下流程进行注册。

1）进入以下界面：官网首页→产品→开放网络。

2）右上角单击“工作台”，完成注册，如图 11-1 所示。

注册成功后，进入以下界面：开放网络→合约管理→合约市场，如图 11-2 所示（第 1 个方框是合约名称；第 2 个方框是合约描述（可选）；第 3 个方框是“创建合约”）。

在“合约市场”中可以看到有很多基础的合约模板，选择“学生证书上链存证”并选择“复用模板创建合约”，填写完对应的内容后创建合约并编辑，如图 11-3 所示（方框表示运行合约代码）。

图 11-1　百度超级链注册成功界面

图 11-2　创建合约

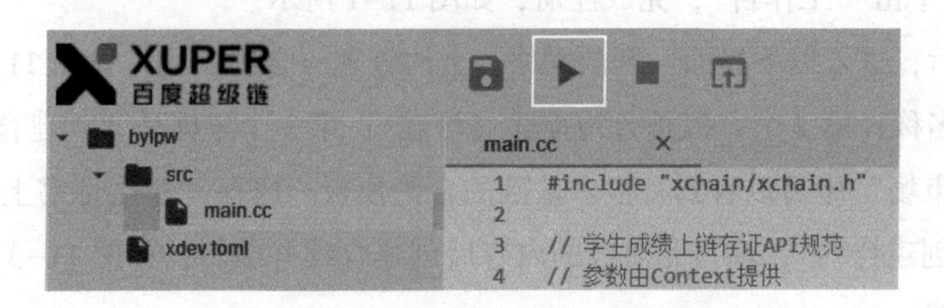

图 11-3　学生成绩上链存证 API 规范

```
#include  "xchain/xchain.h"
//学生成绩上链存证 API 规范
//参数由 Context 提供
Class ScoreRecord {
public:
  //初始化写入权限
  //参数:owner - 具有写入权限的 address
  virtual void initialize() = 0;
  //写入课程成绩
  //参数:userid - 学生的主键 id
  //data - 学生的成绩信息(json 格式 string)
  virtual void addScore() = 0;
  //按学生 id 查询成绩
  //参数:userid - 学生的主键 id
  //返回值:data - 学生的成绩信息(json 格式 string)
  virtual void queryScore() = 0;
  //查询具有写权限的账户
  //返回值:具有写权限的 address
  virtual void queryOwner() = 0;
};
struct ScoreRecordDemo : public ScoreRecord, public xchain::Contract {
private:
```

之后编译程序，编译成功后需要将该程序进行上链，如图 11-4 所示（方框表示上链操作）。

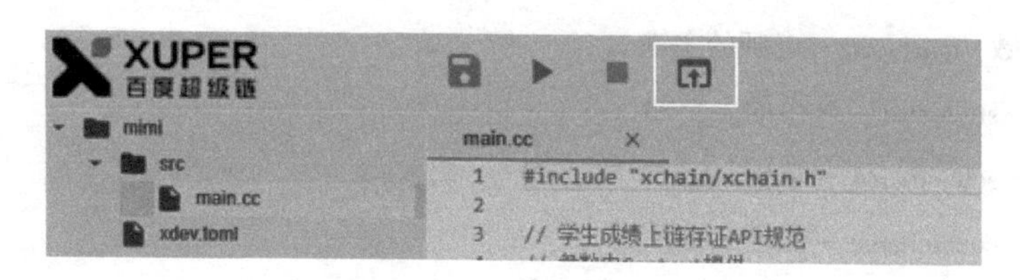

图 11-4　程序上链操作

上链成功后返回合约管理首页即可看到安装成功，如图 11-5 所示（方框选中的即刚才上链成功的合约）。

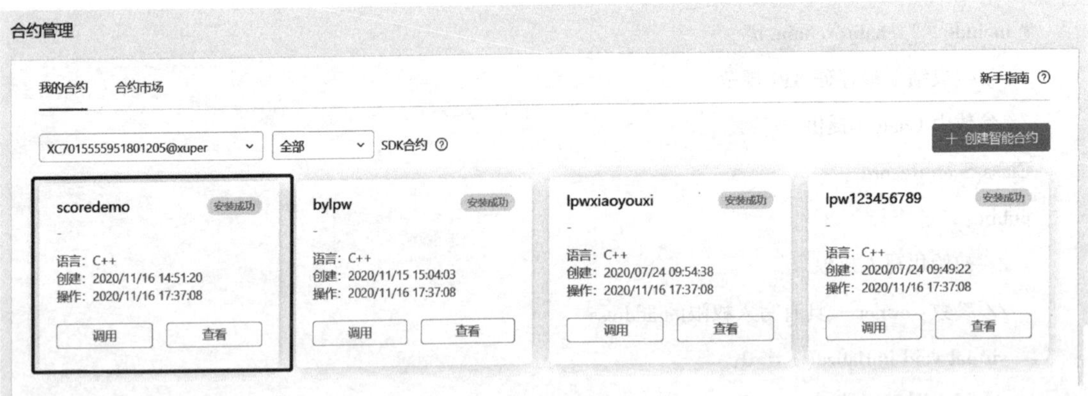

图 11-5　上链成功

第二种方法是根据自己的需要重写或者使用空白模板进行编程，之后的流程与上述一样。例如新建的 T-S 合约（老师-学生纪念册合约，定义并实现了相关接口）代码如下。

```
#include <iomanip>
#include <sstream>
#include "xchain/xchain.h"

// T - S (老师-学生) 纪念册上链 API 规范
// 参数由 Context 提供
class TSMemorialAlbun{
  public:
        // 初始化写入权限
        // 参数: owner - 具有写入权限的 address
        virtual void initialize() = 0;
        // 写入捐赠的物资
        // 参数: teacherid - 老师的主键 id
        //        studentid - 学生的主键 id
        //        schoolname - 学校 name
        //        coursename - 课程 name
        //        comments - 学生对老师的留言 (json 格式 string)
        //        timestamp - 留言时间 (json 格式 string)
        virtual void addTSMenorialAlbun() =  0;
```

```
    // 按照老师 id 直接 T - S（老师 - 学生）纪念册
    // 参数：teacherid - 老师的主键 id
    // 返回值：data - 老师的所有学生信息（json 格式 string）
    virtual void queryByTeacherId( ) = 0;

    // 按照学生 id 直接 T - S（老师 - 学生）纪念册
    // 参数：studentid - 学生的主键 id
    // 返回值：data - 学生的所有信息（json 格式 string）
    virtual void queryByStudentId( ) = 0;

    // 查询具有写入权限的账户
    // 返回值：具有写入权限的 address
    virtual void queryOwner( ) = 0;
};
```

11.3.2　学生证书成绩应用代码介绍

（1）定义与学生证书成绩相关的四个方法

1）initailize( )：初始化，只会执行一次。

2）addScore( )：根据用户添加证书成绩。

3）queryScore( )：根据用户查询证书成绩。

4）queryOwner( )：查询当前账户。

```
public:
  // 初始化写入权限
  // 参数：owner - 具有写入权限的 address
  virtual void initialize( ) = 0;

  // 写入课程成绩
  // 参数：userid - 学生的主键 id
  //      data - 学生的成绩信息（json 格式 string）
  virtual void addscore( ) = 0;
```

```
    // 按照学生 id 查询成绩
    // 参数：userid - 学生的主键 id
    // 返回值：data - 学生的成绩信息（json 格式 string）
    virtual void queryScore( ) = 0;

    // 查询具有写入权限的账户
    // 返回值：具有写入权限的 address
    virtual void queryOwner( ) = 0;
```

（2） initailize( )具体实现

```
void initialize( ){
    // 获取合约上下文对象
    xchain::Context * ctx = this->context( );
    // 从合约上下文中获取合约参数,由合约部署者指定具有写入权限的 address
    std::string owner = ctx->arg("owner");
    if (owner.empty( )){
        ctx->error("missing owner address");
        return;
    }
    // 将具有写入权限的 owner 地址记录在区块链账本中
    ctx->put_object(OWNER_KEY,owner);
    ctx->ok ("success");
}
```

（3） addScore( )具体实现

```
void addScore( ){
    // 获取合约上下文对象
    xchain::Context * ctx = this->context( );
    // 获取发起者身份
    const std::string & caller = ctx->initiator ( );
    if (caller.empty( )){
        ctx->error("missing initiator");
```

```
    return;
  }
  // 如果写操作发起者不是具有写入权限的用户,则无权写入
  if (!isOwner(ctx, caller)) {
    ctx->error (
    "permission check failed, only the owner can add score record");
    return;
  }
  // 从参数中获取用户主键 id,必填参数,没有则返回错误
  const std::string& userid = ctx->arg("userid");
  if (userid.empty()) {
    ctx->error("missing 'userid'");
    return;
  }
  // 从参数中获取成绩数据, 必填参数, 没有则返回错误
  const std::string& data = ctx->arg ("data");
  if (data.empty()) {
    ctx->error("missing'data'");
    return;
  }
  // 将具有写入权限的 owner 地址记录在区块链账本中
  std::string score_key = RECORD_KEY +userid;
  if (!ctx->put_object(score_key,data)) {
    ctx->error("failed to save score record");
    return;
  }
  // 执行成功, 返回 status code 200
  ctx->ok(userid);
}
```

(4) queryScore()具体实现

```
void queryScore() {
  // 获取合约上下文对象
```

```
    xchain::Context * ctx = this->context();

    // 从参数中获取用户主键 id，必填参数，没有则返回错误
    const std::string& userid = ctx->arg("userid");
    if (userid.empty()){
        ctx->error("missing 'userid'");
        return;
    }

    // 从账本中读取学生的成绩数据
    std::string score_key = RECORD_KEY +userid;
    std::string data;
    if (!ctx->get_object(score_key, &data)){
        // 没有查到，说明之前没上链过，返回错误
        ctx->error ("no score record found of " +userid);
        return;
    }
    // 执行成功，返回 status code 200
    ctx->ok(data);
}
```

（5）queryOwner()具体实现

```
void queryOwner(){
    // 获取合约上下文对象
    xchain::Context * ctx = this->context();
    std::string owner;
    if(!ctx->get_object(OWNER_KEY, &owner)){
        // 没有查到 owner 信息
        ctx->error("get owner failed");
        return;
    }
    // 执行成功,返回 owner address
```

```
  ctx->ok(owner);
}
```

11.3.3　调用 SDK 进行应用开发测试

如在实验背景中所述，存证场景应用广泛，为方便读者进一步地理解，这里以学生证书成绩作为具体的存证应用进行展示。

第 1 步，下载官方 SDK。

```
git clone https://github.com/xuperchain/xuper-sdk-go
```

第 2 步，初始化 SDK 并配置网络开放环境。

```
cd xuper-sdk-go/conf
vi sdk.yaml
```

将如下的费用配置改成 true。

```
  // 是否需要进行合规性背书
  isNeedComplianceCheck: true
  // 是否需要支付合规性背书费用
  isNeedComplianceCheckFee: true
```

第 3 步，加载开放网络用户账户，有两种方法可以实现。

1）通过助记词恢复账户，其中，方法 RetrieveAccount()中的参数是助记词。

```
  // retrieve the account by mnemonics
acc, err = account.RetrieveAccount("玉 脸 驱 协 介 跨 尔 籍 杆 伏 愈 \即", 1)
  if err != nil {
    fmt.Printf("retrieveAccount err: %v\n", err)
  }
  fmt.Printf("retrieve.Account: to %v\n", acc)
  return
```

2）通过私钥文件以及安全码恢复用户账户，其中，方法 GetAccountFronFile()中的参数分别是私钥文件夹目录、安全码。

```
// get the account from file, using password decrypt
acc, err = account.GetAccountFromFile("keys/", "000000")
if err != nil {
    fmt.Printf("getAccountFromFile err: %v\n", err)
}
fmt.Printf("get AccountFromFile: %v\n", acc)
return
```

注意：私钥可以在百度平台右上角的个人账户下载，如图 11-6 所示（方框是下载私钥）。

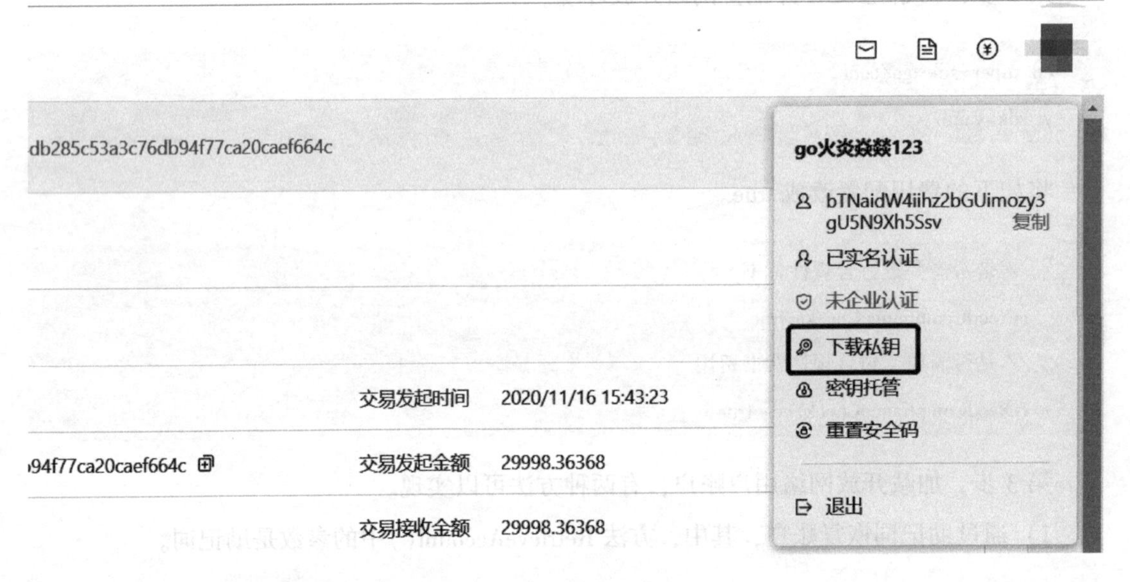

图 11-6　下载私钥

第 4 步，编写 SDK 调用代码并将学生证书成绩上链。

1）定义区块链节点与名字。

```
func getAccount() (*account.Account, error) {
    // get the account from file, using password decrypt
    acc, err := account.GetAccountFromFile("key/", "370899")
    if err != nil {
```

```
        fmt. Errorf( "GetAccountFromFile error: %v\n" , err)
    }
    fmt. Println( "address = \n" , acc. Address)
    return acc, nil
}
```

2）恢复用户账户。

```
func getBalance( acc  * account. Account) {
    // initialize a client to operate the transaction
    trans  := transfer. InitTrans( acc, node, bcname)
    // get balance of the account
    balance, err  := trans. GetBalance( )
    log. Printf( "balance %v, err %v" , balance, err)
    return
}
```

3）获取用户当前的 balance。

```
func uploadData( acc  * account. Account, data string) {
    // initialize a client to operate the contract
    contractAccount  := "XC7015555951801205@ xuper"
    contractName  := "scoredemo"
    wasmContract  := contract. InitwasmContract( acc, node, bcname, contractName, contractAccount)
    // set invoke function method and args
    args  := map[ string] string{
        "userid" : "10001" ,
        "data" : data,
    }
    methodNane  := "addScore"
    // invoke contract
    txid, err  := wasmContract. InvokewasmContract( methodName, args)
    if err != nil {
        log. Printf( "InvokewasmContract err: %v\n" , err)
```

```
            os. Exit(-1)
        }
        log. Printf("txid: %v\n", txid)
}
```

4）上传学生证书信息。

```
// define blockchain node and blockchain name
var (
    node = "39.156.69.83:37100"
    // node = "127.0.0.1:37801"
    bcname ="xuper"
)
```

5）查询学生证书成绩。

```
func queryData (acc  * account. Account) {
    // initialize a client to operate the contract
    contractAccount := "XC7015555951801205@ xuper"
    contractName := "scoredemo"
    wasmContract := contract. InitwasmContract(acc, node, bcnane, contractName, contractAccount)
    // set invoke function method and args
    args := map[string]string{
        "userid" : "10001"
    }
    methodName := "queryscore"
    // invoke contract
    txid, err := wasmContract. InvokewasmContract (methodName, args)
    if err != nil {
            log. Printf("InvokewasmContract err: %v\n", err)
            os. Exit(-1)
    }
    log. Printf ("txid: %v\n", txid)
}
```

6）调用方法 uploadData( )进行上链。

```
func main() {
    acc, err := getAccount()
    if err != nil {
        os.Exit(-1)
    }
    getBalance(acc)
    uploadData(acc, "{'blockchain':99s}")
    // queryData(acc)
    return
}
```

7）调用方法 queryData( )进行查询。

```
func main() {
    acc, err := getAccount()
    if err != nil {
        os.Exit(-1)
    }
    getBalance(acc)
    // uploadData(acc, "{'blockchain':99}")
    queryData(acc)
    return
}
```

11.4　预期结果

最终 xuper-sdk-go 下的文件目录如下。

```
account
balance
build.sh
common
```

```
conf
config
contract
contract_account
crypto
example
go. mod
go. sum
key
LICENSE
Makefile
network
output
pb
README. md
transfer
txhash
vendor
xchain
```

其中比较主要的文件如下。

1）conf 为相关基本配置。

2）example 是样例代码。

3）output 中为输出结果。

4）key 是密钥文件夹。

5）build. sh 为编译脚本。

在配置好并运行超级链后，编译：

```
make
执行编译好的程序
./output/sample
```

得到如下结果：

```
lpw@ ubuntu: ~/xuper-sdk-go$./output/sample
2020/11/15 23: 43: 23 GetConfig: & { 39.156.69.83: 37100 { true true 400
aB2hpHnTBDxko3UoP2BpBZRujwhdcAFoT jknGxa6eyum1JrATWvSJKW3thJ9G KHA9n} 100 xchain}
address=bTNaidW4iihz2bGUimozy3gU5N9xh5Ssv
2020/11/15 23:43:23 balance [{"balance": "0", "isFrozen": true}, {"balance": "2999836368"}], err <nil>
2020/11/15 23:43:23 Gas will cost: 12
2020/11/15 23:43:23 contract response: success
2020/11/15 23:43:23 contract resDonse: 10001
2020/11/15 23:43:23 ComplianceCheck txid: 87ce8905922cc07ab7c2409d51377 6e4db285c53a3c76db94f
77ca20caef664c
2020/11/15 23:43:24 txid: 8029beb9a1fe6c646c993d00d01be157358497d364be 5b5420c4a69e380c7c13
```

其中，交易 id 为 87ce8905922cc07ab7c2409d513776e4db285c53a3c76db94f77ca20caef664c。

可通过交易 id 在百度平台上查出具体的信息，如图 11-7 所示。其中，第 1 个方框是交易 id，第 2 个方框是发起方，第 3 个方框是接收方。

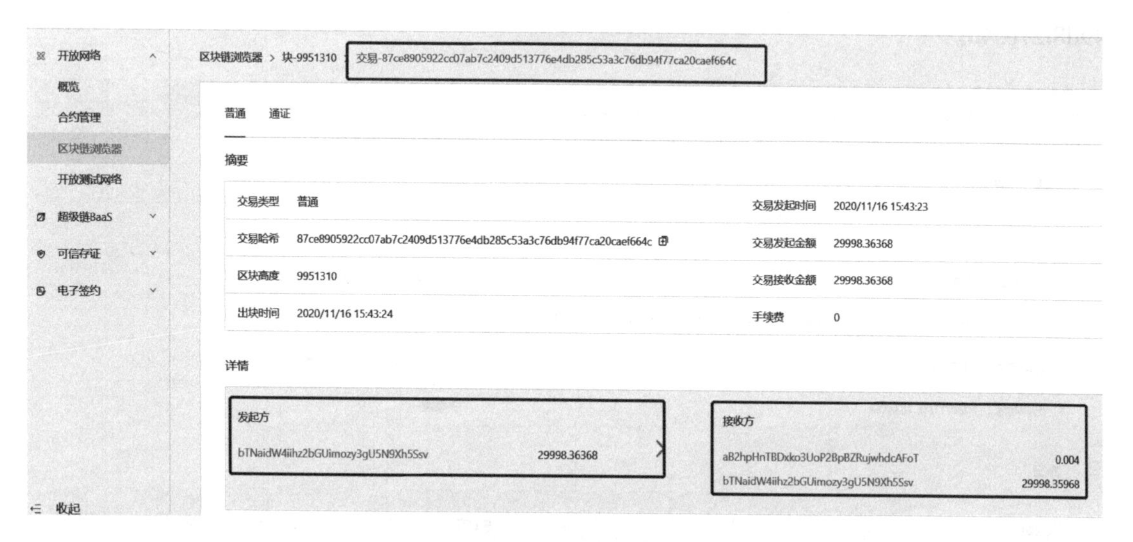

图 11-7　查询交易

改写代码进行查询：

```
lpw@ ubuntu: ~/xuper-sdk-go$./output/sample
2020/11/16 02: 00: 10 GetConfig: & { 39.156.69.83: 37100 { true true 400
aB2hpHnTBDxko3UoP2BpBZRujwhdcAFoT jknGxa6eyum1JrATWvSJKW3thJ9GKHA9n} 100 xchain}
```

```
address=
bTNaidW4iihz2bGUimozy3gUSN9xhsssv
2020/11/16 02:00:10 balance [{"balance":"0","isFrozen":true},{"balance":"2999835956"}],
err <nil>
2020/11/16 02:00:10 Gas will cost: 8
2020/11/16 02:00:10 contract response: success
2020/11/16 02:00:10 contract response: {'blockchain': 99s}
2020/11/16          02:          00:          10          Compliancecheck          txid:
166e441fb72800d4dc61212105a3d 77422f9755666c2a757f6a1e49d8f27e546
2020/11/16 02:00:12 txid: 65bbc4125ac3253b96c3da6cd0f65ec5986cac68292 e86c5f Sadaf3788daccd7
```

查询的成绩结果：

```
{'blockchain': 99s}
```

如图 11-8 所示，交易 id 为 166e441fb72800d4dc61212105a3d77422f9755666c2a757f6a1e49d8f27e546。

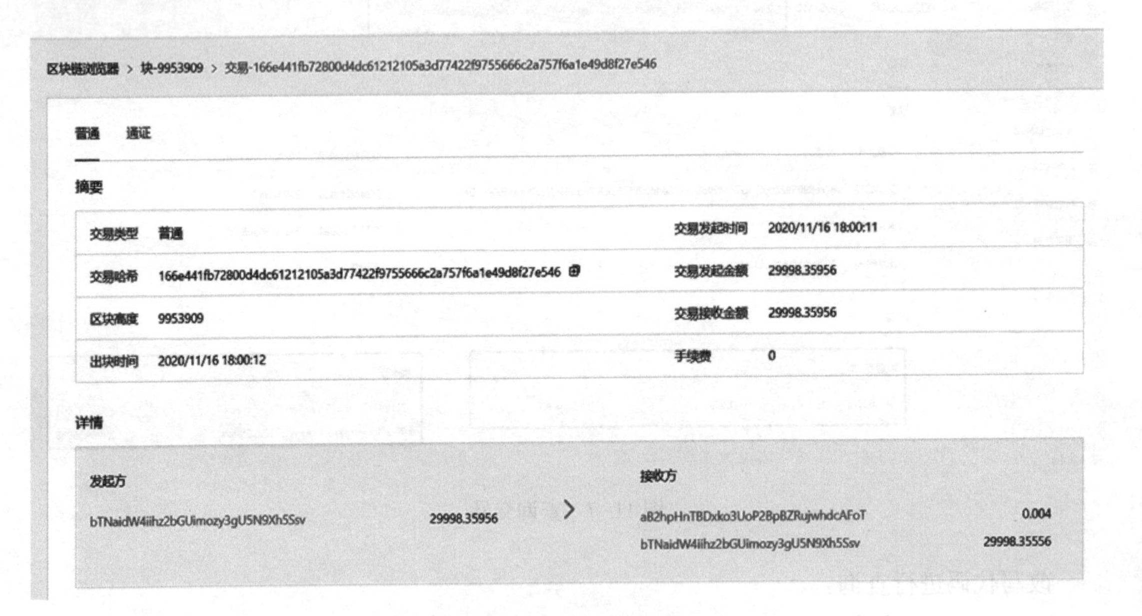

图 11-8 交易信息详情

11.5 思考题

1. 简述区块链技术如何应用到学生证书成绩存证中。
2. 简述区块链技术对学生证书成绩存证的意义以及不足之处。
3. 讨论未来区块链技术对学生证书成绩存证的应用方向。

参 考 文 献

[1] 李剑，等．信息安全概论[M]．2版．北京：机械工业出版社，2019.

[2] 任仲文．区块链：领导干部读本[M]．北京：人民日报出版社，2018.

[3] 段伟常，梁超杰．供应链金融5.0：自金融+区块链票据[M]．北京：电子工业出版社，2019.

[4] 长铗，韩锋，等．区块链：从数字货币到信用社会[M]．北京：中信出版社，2016.

[5] 彭帅兴．区块链从入门到精通[M]．北京：中国青年出版社，2018.